编 委 会

主　　编：金韶琴

副 主 编：马建军

编写人员：王金保　王君梅　纳　静　陈建国　张　源

审　　稿：马建军　王金保

统　　稿：王君梅　王金宝

参编人员：李润军　苏　林　罗　锐　米湘胜　李文波
　　　　　安恒军　樊　磊　赵亚国　车建海　宋　亮
　　　　　尹庆宁　王振静　贺军君

农村厕所建设探索与实践

金韶琴 主编

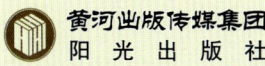

黄河出版传媒集团
阳光出版社

图书在版编目（CIP）数据

农村厕所建设探索与实践 / 金韶琴主编. -- 银川：阳光出版社, 2022.9
ISBN 978-7-5525-6488-4

Ⅰ.①农… Ⅱ.①金… Ⅲ.①农村－公共厕所－建设－研究－中国 Ⅳ.①TU998.9

中国版本图书馆CIP数据核字(20212)第168485号

农村厕所建设探索与实践

金韶琴　主编

责任编辑	马　晖
封面设计	赵　倩
责任印制	岳建宁

黄河出版传媒集团　阳光出版社　出版发行

出 版 人	薛文斌
地　　址	宁夏银川市北京东路139号出版大厦（750001）
网　　址	http://www.ygchbs.com
网上书店	http://shop129132959.taobao.com
电子信箱	yangguangchubanshe@163.com
邮购电话	0951-5014139
经　　销	全国新华书店
印刷装订	宁夏银报智能印刷科技有限公司
印刷委托书号	（宁）0024452

开　本	787 mm×1092 mm　1/16
印　张	17.25
字　数	240千字
版　次	2022年9月第1版
印　次	2022年9月第1次印刷
书　号	ISBN 978-7-5525-6488-4
定　价	48.00元

版权所有　翻印必究

序

实事求是,行稳致远。

格物致知,决战决胜。

农村改厕,在习近平总书记的讲话中称"厕所革命"。所谓的革命,就是深刻变化,告别落后的生活方式。这场革命只能成功,不能失败。这场革命要改变几千年来广大农村农民的生活习惯,涉及千家万户,面对千差万别,走过千山万水,不怕千辛万苦才能成功。先是农村的常住户有多少?暂住户有多少?"候鸟户"有多少?这些数据变化很快,鉴别统计非常困难;再看看农民收入水平,受教育程度,当地是否缺水,水冲式厕所能否安全越冬等;老年人、孤残人等特殊群体如何安全使用厕所;再就是一部分群众对改厕工作认识不到位,不愿意,不接受,顺其自然;还有一旁观望的,一笑了之的,不当回事的等。在改厕技术方面,怎样节水?如何防冻?如何节约成本?怎样实现粪污资源化利用等,都需要深入研究思考。几千年来,农民对于茅厕、土厕都已习惯,现如今,来一场革命,实属不易。据统计,2019年宁夏有123万户农户,其中95.9万户农户有改厕需求,之前,就一个底数也要反复地核实。

面对地方财力有限,农民不想投钱,希望掏钱越少越好。我坚持实事求是,针对改厕数量问题,即便已经改过,如果不能用,要在数据中剔除,不要凑数据,凑比例。果然,部分县区希望把已改户数量报得多一些,这样可以少一些任务。所以,出发点很重要,实事求是,主要是出发点对不对。

具体工作中的实事求是,就是要找规律,技术上的共性规律,建设上的共性规律,运行中的规律,污染治理与达标排放规律,分散居住规律。总之,节约成本,长期耐用,长期好用,末端安全处置尤为重要。因而,还要设定好条件,制定好标准,厕屋涉及土木工程学,污水涉及环境工程学,对个体和公共环境要涉及公共卫生学,地下设施涉及给排水工程学等。改厕工作涉及学科多,需知识结构全面,还要知道为谁而建和设身处地的为民情怀。这一点,需要技术学科的集成,实属多年来无法攻破的难题。我凭借干过环保工作5年经历,在乡镇工作6年经历,熟悉农村和基层工作,组织实施这项工作深知其重点和难点。

做好这项工作,关键是寻找科学的技术方法,研究技术问题,如何解决现实中诸多的技术空白。实事求是不是因陋就简,也不是简单从事,或顺势而为;更不是换汤不换药,做表面文章。要在追求进步中创新理念、技术、管理和服务,探索新的方式方法。我在对实事求是的理解中批评过:以实事求是之名,行不干工作或降低标准之实者。为什么要批评呢?基层报来他们县普推生态旱厕、生物降解马桶、空气动力旱厕等,一时间各乡村将要推广的厕所类型五花八门,美其名曰:发挥基层工作的积极性。我调查研究发现,他们不涉及前端用水,使用菌种,也不管后端粪污去何处,这是"革命"吗?这种"革命"能成功吗?答案可想而知。

标准出来了,模式限定了,排放标准及用途明确了。一些人代表基层开始发声,说我搞一刀切,上面不让一刀切,你们在缺水地区搞节水厕所,就是一刀切,为什么无水马桶不行?为什么双瓮不行?我答:实践是检验真理的唯一标准,实践中失败的,一律不予再推行。甚至是有人写信,说旱厕多么多么的好,水厕费水费钱。经过一个冬季,一年四季的检验,不用辩解了,凡是标准执行没有问题的、质量好的、顺利过冬的,成了模板和学习的榜样。之后,我带团队多次前往外地学习,特别是甘肃民勤的一些先进做法,让我及技术团队、县乡干部增强了信心,之后,西吉县、同心县和中宁县轮番去民勤取经。有的县委书记亲自带乡镇一把手去学习,有一个县4批次派人去学习。研制了微水防冻高压节水装置,越冬没有问题,出了一个技术性指导意见,后来又在一个地方做了个样板间,供各县乡村学习,终于增强了说服力。

在实际验收中,发现有的县合格率较低,我当机立断第二年减少任务量,有的县不按标准建设,叫停了当年所有的改厕项目,待全部整改完成后再开始新建改厕治污项目,不论谁投资一律暂停。有的市还出台了全市推广生态马桶,我专门找市长,找纪检委,直至废掉文件,甚至是已招标生效的标段。3年中,先后下发整改通知不下上百份,有的发到县委书记,有的抄送市委书记。为了不走弯路,专门选定了干旱带的宁夏同心县折腰沟村,作为改厕试验村(点),在这里免费提供并安装所谓的新产品,新技术,证明其怎么样?让老百姓说一年来哪种产品模式最好,哪种产品不能用、凑合用,一些产品不言而喻,被淘汰了。

有一个县来信说,他们那里的农民不喜欢用水冲厕,太浪费了,就喜欢使用无水马桶或者是旱厕,甚至是领导来说明,听到后,许多人认为是正常的,我则认为,这是个别人在背后操弄。于是,我让手下技术人员,印制100份调查问卷,找了一个可靠的干部入户调查,你喜欢什么样的厕所?分别是……共3种,留下电话,按上手印,写上名字,结果大相径庭,那全部是农民签了歪歪扭扭的名字和盖手印的问卷表,96%的农民喜欢微水防冻水冲式厕所,仅有4份表示不确定。

看后真相大白,不出我所料,是个别干部在背后操弄,甚至是……

这一切教育我们干工作要实事求是,才能行稳致远。

验收工作在每年年终进行,主要是检验冬季能否正常使用。建一个,成一个，用一个，一年四季都能用是我们的理念。冬季能正常使用，为合格；不能使用为不合格。这一切，必须做到情况清楚，及时纠偏，标准为先，技术为要，投入为本。

现如今，宁夏在农村改厕中的先进做法已多次在全国会议上交流经验，开展技术培训、授课，宁夏微水防冻技术模式已被作为全国模式进行推广。合格率、使用率、满意率达97%以上。一、二类县改厕完成率达98.5%以上，农村卫生厕所成为新时代农民新生活的标配。

行稳才能致远，不能错，错了担不起，骂也挨不起，万分之万的好，谈何容易！

现如今，有农民讲："我们农民做梦也没有想到，能用上和城里人一样的水冲式厕所，感谢党啊！"听到这样的肺腑之言，我心里多么的温暖，一切付出都是值得的。

二〇二二年七月三十日

前　言

党的十八大以来,随着我国社会和经济高速发展,农村经济和社会发展都取得了前所未有的成就和突破,城乡格局发生深刻变化,广大农民群众的幸福指数也逐步提高。但行路难、如厕难、环境脏等问题,影响了农民群众的获得感、幸福感,曾经农村的"茅厕""去不得""闻不得""蹲不得",甚至男女不分,成为日常生活中的"难言之隐"。

2015年7月,习近平总书记首次提出"坚持不懈推进厕所革命,努力补齐群众生活品质的短板"。2017年11月,总书记就"厕所革命"又作出重要批示,强调厕所问题不是小事情,是城乡文明建设的重要方面,不但景区、城市要抓,农村也要抓,要把它作为乡村振兴战略的一项具体工作来推进,努力补齐这块影响群众生活品质的短板。之后,总书记在不同场合多次强调了在农村推进"厕所革命"的意义。随即,中央决定实施以农村"厕所革命"等为重点的农村人居环境整治三年行动。

2018年,宁夏回族自治区深入贯彻习近平总书记关于"厕所革命"的重要指示批示精神,认真学习浙江"千万工程"经验,深入实施农村人居环境整治三年行动,坚持慎重、稳妥、有序原则,稳步推进农村"厕所革命"。

宁夏农村"厕所革命"工作在自治区党委和政府的正确指导下,在农业农村部的大力支持下,坚持因地制宜,注重顶层设计,在学习借鉴先进经验的基础上，结合实际积极探索实践，农村"厕所革命"取得了阶段性成效。2019—2021年，宁夏累计改造建设农村户用卫生厕所29万户，农村卫生厕所普及率达到62.2%。紧盯节水、防冻两个关键环节，先后出台《宁夏农村厕所建设技术性指导意见》《宁夏农村钢筋混凝土三格式化粪池建设技术性指导意见》《宁夏农村节水防冻型地下储水式电动高压冲水厕所建设技术性指导意见》等系列技术性文件，创新推广西北地区环保型、资源型、人工资源型三种改厕类型，并在宁夏中南部干旱寒冷地区推广节水防冻型适宜改厕技术，有效破解水冲式厕所节水防冻难题。在改厕模式上，以水冲式为主，同时推广三格式、防冻式、管网式、小集中式等技术；在化粪池材料上，分为塑料三格式和钢筋混凝土三格式；在管护上，采取集中管护、建管一体和农户付费等机制。牢固树立"好字当头、质量为先"的工作理念，建立农村改厕"4+4+4"全过程管控体系，改厕质量得到有效提升。坚持建管并重，努力提升厕所管护服务水平，在兴庆区、金凤区、贺兰县、中宁县等地探索农村改厕和污水治理项目一体化建设、一体化管护，利用信息化大数据，建立"互联网+智慧运维"服务平台，大大提升维护服务的便捷性和高效性。制定运维管护标准和考核评价办法，明确责任主体，公开服务电话，接受群众监督，探索农户付费分担长效机制，推进农村人居环境从"建起来"向"管起来"，"建得好"向"管得好"转变。目前，宁夏农村厕所改造任务完成率、质量合格率、农户使用率、群众满意率均达到97%以上，得到社会各界和广大农民的一致认可。"厕所革命"的开展，更新了农民群众的卫生观念，从根本上改变了农民的卫生习惯，带动了农村人居环境的改善。

目 录
CONTENTS

第一章 技术模式 / 001

第一节 完整下水道式户厕 / 001

　　一、定义 / 001

　　二、构造 / 001

　　三、技术参数 / 002

　　四、适用范围 / 007

第二节 小型集中式户厕 / 007

　　一、定义 / 007

　　二、构造 / 007

　　三、技术参数 / 008

　　四、适用范围 / 009

第三节 塑料三格化粪池式户厕 / 009

　　一、定义 / 009

　　二、构造与原理 / 009

　　三、技术参数 / 011

　　四、注意事项 / 017

　　五、适用范围 / 018

第四节　钢筋混凝土三格化粪池式户厕 / 018

　　一、定义 / 018

　　二、构造与原理 / 019

　　三、技术参数 / 020

　　四、施工注意事项 / 025

　　五、使用与维护 / 025

　　六、适用范围 / 026

第五节　微水防冻式户厕 / 026

　　一、定义 / 026

　　二、构造 / 026

　　三、技术参数 / 027

　　四、使用与维护 / 030

　　五、适用范围 / 030

第二章　建设管理 / 033

第一节　建设过程管理 / 033

　　一、多级培训制 / 034

　　二、检验检测制 / 035

　　三、产品备案制 / 037

　　四、黑名单制 / 041

　　五、招投标制 / 042

　　六、包片责任制 / 042

　　七、约谈通报制 / 044

　　八、施工监理制 / 046

　　九、分级验收制 / 047

第二节　运维管理制度 / 051

　　一、报修投诉制 / 051

　　二、第三方运营制 / 053

　　三、村集体运营制 / 054

第三章　运维管理 / 056

第一节　农村厕所粪污的特点 / 056

　　一、基本概念 / 056

　　二、农村厕所粪污等生活污水的特点 / 057

第二节　粪污处理方法 / 059

　　一、处理方式 / 059

　　二、处理技术工艺 / 059

　　三、处理模式 / 065

第三节　资源化利用 / 067

　　一、肥料化利用 / 068

　　二、净化回用 / 070

第四节　运维管理 / 071

　　一、引导农户积极主动管护 / 071

　　二、组建专业化运管队伍 / 071

　　三、委托第三方实施运管 / 071

　　四、构建多元化运维资金投入机制 / 072

　　五、建立健全效果评价机制 / 073

　　六、完善考评监督机制 / 073

　　七、制定激励奖励办法 / 073

　　八、采取信息化管理手段 / 073

第五节　组织实施 / 074

一、发挥多元主体作用 / 074

二、强化组织实施 / 075

三、拓宽资金融入渠道 / 077

四、强化技术支撑服务 / 077

五、加强宣传教育引导 / 077

第四章　结果评价 / 078

第一节　考核验收方法和依据 / 078

一、考核与评价方法 / 078

二、考核验收对象及范围 / 079

三、相关依据 / 079

第二节　考核打分程序 / 081

一、乡镇自验量化 / 081

二、县级初验量化 / 081

三、市级核验量化 / 081

四、省级抽验量化 / 082

第三节　考核验收内容 / 082

一、卫生户厕验收内容 / 082

二、乡村公厕验收内容 / 083

第四节　评价量化打分 / 083

一、卫生户厕验收评价打分 / 083

二、乡村公厕验收评价打分 / 086

第五节　成效评价 / 092

一、项目投入评价 / 092

二、项目建设过程评价 / 092

三、项目产出评价 / 092

四、群众满意度评价 / 093

第五章　典型模式 / 094

第一节　户厕建设运维典型模式案例 / 094

一、西夏区镇北堡镇完整下水道式户厕建设和运维模式 / 094

二、青铜峡市联户管网末端收集式户厕模式 / 096

三、隆德县"四种样板"厕所统筹建设模式 / 098

四、中宁县太阳梁乡新海村普通三格式户厕模式 / 102

五、彭阳县农村新型节水防冻三格式户厕模式 / 104

六、平罗县红崖子乡红瑞村集中管网式户厕模式 / 107

七、利通区金积镇大庙桥村市镇集中管网户厕(公厕)模式 / 110

第二节　公厕建设运维典型案例 / 113

一、基本情况 / 113

二、运维模式 / 114

三、模式特点 / 114

四、主要措施 / 114

第六章　政策标准 / 116

第一节　政策措施 / 116

一、宁夏农村人居环境整治三年行动实施方案 / 116

二、关于推进农村"厕所革命"专项行动的实施意见 / 117

三、当前农村改厕工作中存在或可能出现的有关问题 / 120

四、关于进一步加强我区农村厕所建设质量管理工作的通知 / 126

五、关于进一步加强农村厕所化粪池安全管理的通知 / 129

六、关于开展农村已改造厕所问题大排查的通知 / 129

七、关于加强农村改厕质量问题整改工作的通知 / 130

八、关于进一步加强全区农村卫生厕所管护工作的通知 / 130

九、关于切实做好全区农村人居环境整治暨农村厕所改造项目安全生产工作的紧急通知 / 132

十、宁夏农村人居环境整治三年行动考核验收工作方案 / 134

十一、"十四五"宁夏农村厕所革命提升行动实施方案 / 135

第二节　技术标准 / 137

一、宁夏农村厕所建设技术指导意见 / 137

二、宁夏农村节水防冻型地下储水式电动高压冲水厕所建设技术性指导意见 / 140

三、宁夏农村钢筋混凝土三格式化粪池建设技术指导意见 / 142

四、宁夏回族自治区农村厕所改造项目考核验收办法（试行）/ 142

第三节　工作部署 / 142

第七章　经验与教训 / 174

参考文献 / 180

附录1：会议纪要 / 181

附录2：整改通知 / 199

附录3：国家标准 / 222

农村集中下水道收集户厕建设技术规范 / 222

农村三格式户厕建设技术规范 / 234

农村三格式户厕运行维护规范 / 253

第一章　技术模式

2019年以来，宁夏坚持慎重、稳妥、有序原则，因地制宜，分类指导，积极推进农村改厕工作，主推完整下水道式、小型集中式、塑料三格化粪池式、钢筋混凝土三格化粪池式、微水防冻式等技术模式，围绕节水、防冻两大关键问题，重点推广钢筋混凝土三格化粪池式和微水防冻式技术模式，有效破解技术难题，2019—2021年累计改造农村卫生厕所29万户，农村生产生活环境明显改善，农民群众获得感、幸福感持续提升。

第一节　完整下水道式户厕

一、定义

完整下水道式户厕是指接通自来水冲厕，粪污经排水管排入污水收集管网，最终并入市政管网或进入小型污水处理站的户用厕所。完整下水道式户厕的建造重点在于户用化粪池。户用化粪池是在分户管网并入污水收集管网前设置的用于粪污沉淀的设施，其作用是为避免粪污由排水管直接排入污水收集管网时在管道中造成堆积堵塞。

二、构造

完整下水道式户厕由厕屋、便器与冲水器具、户用化粪池、排水管等组成，粪污先排入户用化粪池,然后再通过排水管进入污水收集支管网,支管网汇入主管网最终进入市政下水道或小型污水处理设施。当入户管道坡度较大时,可以不设置户用化粪池,厕所污水可以通过排水管直接接入污水收集管网,并适当增加入户管道的管径,缩短管道检查井之间的距离,加强污水收集管网的管护。户用化粪池宜设置在户外,位置应当避开低洼和积水地带,靠近厕屋并便于接入污水收集管网,避免过往车辆碾压。户用化粪池可一户设置一个,多户集中居住时也可按照地势联户设置,共用一个。

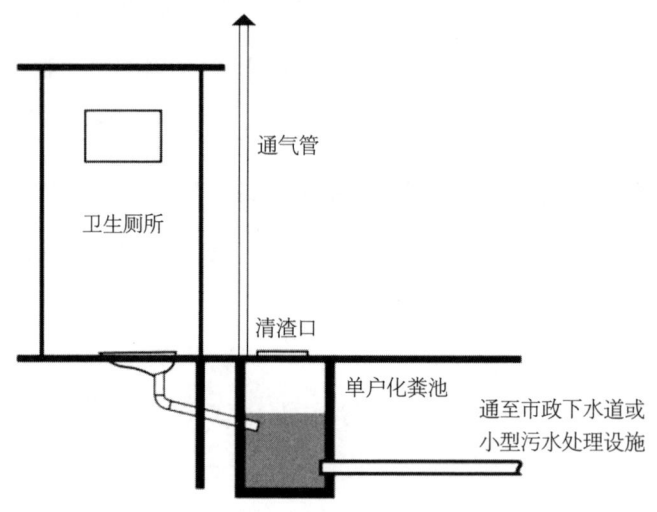

图1-1 完整下水道式户厕示意图

三、技术参数

(一)户用化粪池(户用沉淀池/化粪井)形状

户用化粪池一般为长方形和圆形,可根据农户宅基地的实际地形和土地条件选用。

(二)户用化粪池结构

户用化粪池宜为两格式结构。第一格容积宜占总容积的65%~80%,第二格容积宜占20%~35%,中间隔板应设过流孔,过流孔直径不应小于100 mm,过流孔到池底高度宜为有效深度的1/2。

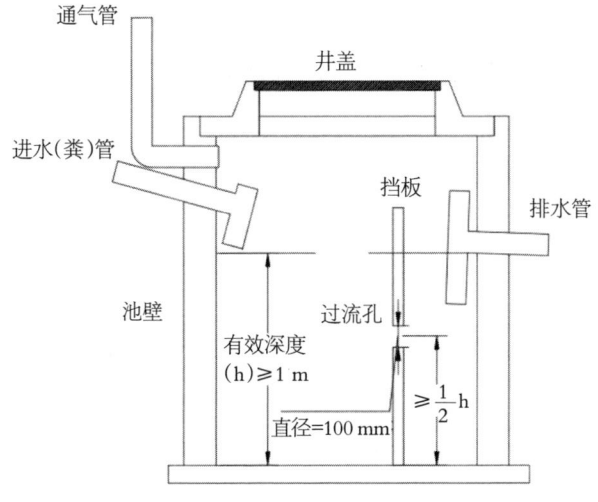

图1-2 两格式户用化粪池示意图

当设置两格化粪池难度较大时,可采用一格化粪池(也称沉淀池)。一格化粪池应在靠出水口一侧上部设置拦截浮渣的挡板,挡板伸入有效容积线以下的高度不宜低于户用化粪池有效深度的1/3,顶部高出有效容积线不宜小于50 mm。

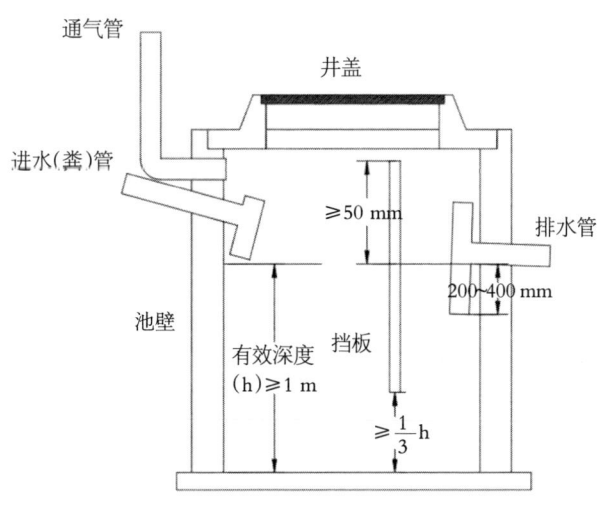

图1-3 一格式户用化粪池示意图

(三)户用化粪池容积

户用化粪池的有效深度不应小于 1 m,宽度和长度都不宜小于 0.7 m,圆形户用化粪池直径不宜小于 0.8 m。单户设置时,户用化粪池的有效容积至少为 0.5 m^3,联户设置时应相应地增加有效容积。

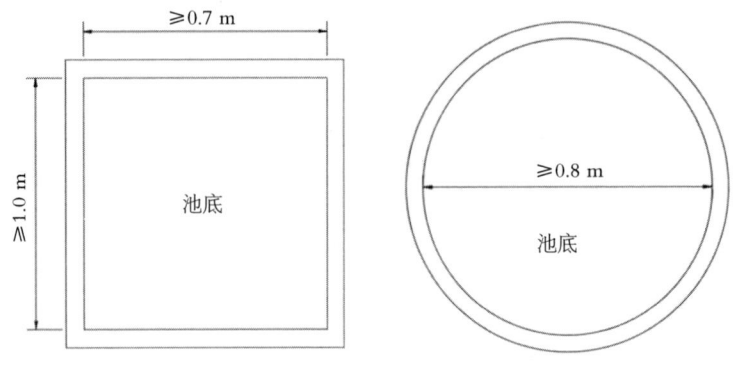

图 1-4　两格式户用化粪池尺寸图

(四)进水(粪)管

从厕屋到化粪池的管道称为化粪池进水(粪)管。进水管内径不应小于 100 mm,安装坡度不应小于 3%,为便于微水迅速冲净,宁夏调整为不小于 15°。进水管应采用 T 形接头,起到导流的作用,进水管 T 形接头垂直部分应在液面以上。

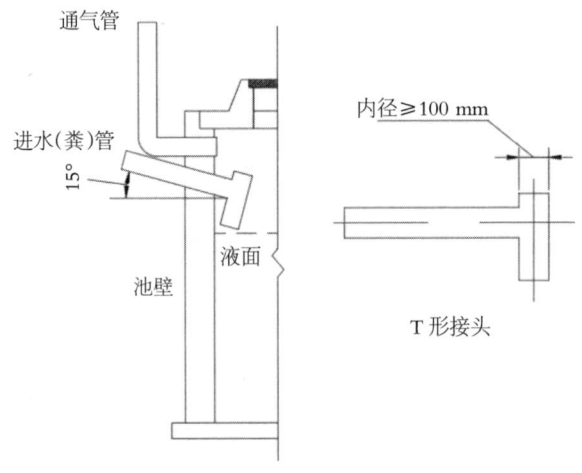

图 1-5　进水(粪)管示意图

(五)排水管

排水管的内径不应小于 100 mm,安装坡度不应小于 0.5%,深入化粪池内的排水管应采用 T 形接头,起到拦截浮渣的作用,排水管 T 形接头垂直部分应深入液面 200~400 mm。

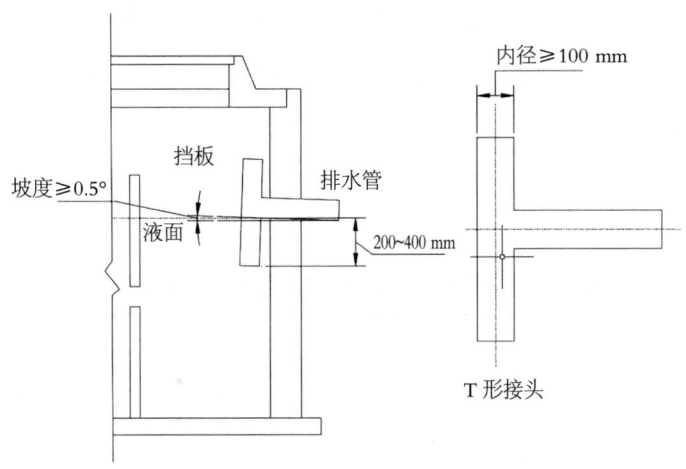

图1-6　出水管示意图

(六)通气管

户用化粪池应设置通气管,通气管可设置在化粪池上,也可设置在进水(粪)管上,管径不小于 100 mm。通气管应沿厕屋外墙设置并固定,防止大风吹

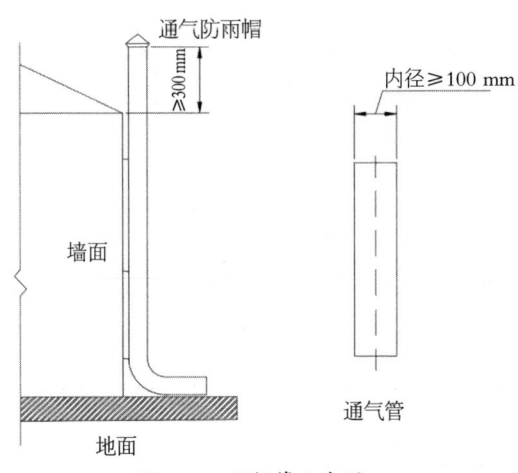

图1-7　通气管示意图

断,外观与住房建筑协调,应高出屋面不小于 300 mm,当通气管周边 4 m 之内有窗户时,应高出窗顶 600 mm 或引向无门窗一侧,防止臭气通过门窗进入。通气管顶部应加装通气防雨帽。

(七)池盖

户用化粪池的池盖应有标识,方便后期运营维护,并根据实际情况加防坠锁,杜绝安全隐患。位于绿化带内的池盖不应低于地面,防止雨水倒灌。

(八)管网铺设

管网铺设时要遵循坡度合适、重力自流、终端收集的原则。

表 1-1 完整下水道式户厕户用化粪池技术参数

两格式户用化粪池			一格式户用化粪池		
有效深度		≥1 m	有效深度		≥1 m
宽度		≥0.7 m	宽度		≥0.7 m
长度		≥0.7 m	长度		≥0.7 m
直径(圆形化粪池)		≥0.8 m	直径(圆形化粪池)		≥0.8 m
容积	总容积	≥0.5 m³	容积		≥0.5 m³
	第一格占总容积比例	65%~80%			
	第二格占总容积比例	20%~35%			
进水管	内径	≥100 mm	进水管	内径	≥100 mm
	安装坡度	≥15°		安装坡度	≥15°
排水管	内径	≥100 mm	排水管	内径	≥100 mm
	安装坡度	≥0.5%		安装坡度	≥0.5%
通气管	内径	≥100 mm	通气管	内径	≥100 mm
	高度	高出屋顶 300 mm		高度	高出屋顶 300 mm
	注意事项	通气管应在外墙固定,加装防雨帽		注意事项	通气管应在外墙固定,加装防雨帽
过流孔	直径	≥100 mm	—		
	距池底高度	1/2 有效高度	—		

四、适用范围

完整下水道式户厕的特点是卫生方便,舒适度高,可与生活污水同排,定期维护频率低,但改造的前提是有完整的下水道系统且污水集中处理系统能够正常运行,具备施工条件,冬季使用时有一定保温要求。

该模式适合于城镇化程度较高、居住集中、不缺水、室内有改造厕屋条件、供水和下水道设施完善的城郊或农村地区。

第二节 小型集中式户厕

一、定义

小型集中式户厕是接通自来水冲厕,粪污排入户用化粪池(或沉淀池)后经分户排水管排入联户管网,最终进入联户收集化粪池的一类厕所,吸粪车定期抽吸联户收集化粪池中的粪污送至污水处理厂进一步处理。

二、构造

小型集中式户厕由厕屋、便器与冲水器具、户用化粪池、排水管等组成,根

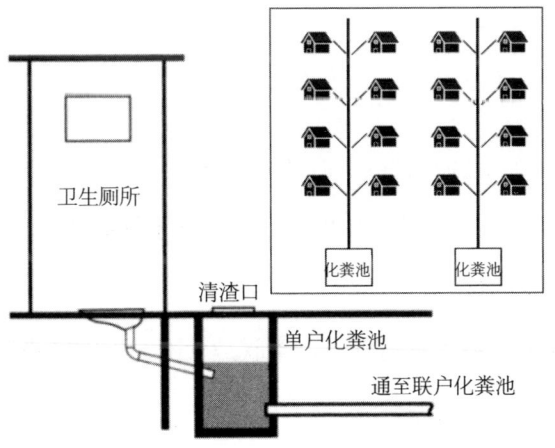

图1-8 小型集中式户厕构造示意图

据村庄分布，可每个巷道建设一条联户管网，末端设置一个联户收集化粪池。

三、技术参数

（一）户用化粪池（户用沉淀池/化粪井）

户用化粪池设置与完整下水道式户厕相同，宜为两格式结构，也可采用一格式结构，具体参数参考本章第一节的内容。

（二）进水（粪）管

从厕屋到化粪池的管道称为化粪池进水（粪）管。进水（粪）管内径不应小于 100 mm，安装坡度不应小于 3%，为便于微水迅速冲净，宁夏调整为不小于 15°。进水（粪）管应采用 T 形接头，起到导流的作用，进水（粪）管 T 形接头垂直部分应在液面以上。

（三）排水管

排水管的内径不应小于 100 mm，安装坡度不应小于 0.5%，深入化粪池内的排水管应采用 T 形接头，起到浮渣拦截的作用，排水管 T 形接头垂直部分应深入液面 200~400 mm。

（四）通气管

户用化粪池应设置通气管，技术参数与完整下水道型户厕通气管设置相同，参考本章第一节的内容。

（五）池盖

户用化粪池的池盖应有标识，方便后期运营维护，并根据实际情况加防坠锁，杜绝安全隐患。位于绿化带内的池盖不应低于地面，防止雨水倒灌。

（六）联户管网铺设

按照村庄布局，每个巷道铺设一条联户管网，管网铺设时要遵循坡度合适、重力自流、终端收集的原则。

(七)联户收集化粪池

联户收集化粪池设置在联户管网末端,形状有长方形、圆柱形等,可采用塑料、玻璃钢、钢筋混凝土等材质,容积按照 0.5 m^3/人设置。

四、适用范围

小型集中式厕所与完整下水道型户厕相似,卫生方便,舒适度高,可与生活污水同排,不同的是不需要有完整的下水道系统和污水集中处理系统,建设成本较完整下水道型户厕低,但定期清掏维护频率更高,防冻性较差,冬季使用时对保温要求高。

该模式适合于居住集中(巷道分明)、不缺水、室内有改造厕屋条件,但下水道系统与污水集中处理系统不完善的农村地区。

第三节 塑料三格化粪池式户厕

一、定义

塑料三格化粪池型户厕是接通自来水冲厕,粪污经排水管排入塑料三格式化粪池,在塑料三格化粪池中发酵腐熟达到无害化处理的农村户厕,腐熟后的粪液可用于还田。

二、构造与原理

塑料三格化粪池户厕分地上和地下两部分,地上部分由厕屋、便器、排气管、化粪池窨井盖组成,地下部分由进粪管、过粪管、三格化粪池组成,通过进粪管将便器与三格化粪池连接。

塑料三格化粪池户厕粪污无害化处理的主要原理是厌氧发酵。新鲜粪便由进粪管进入第一格,与池内粪尿水混合后开始分解,在第一格的厌氧环境中

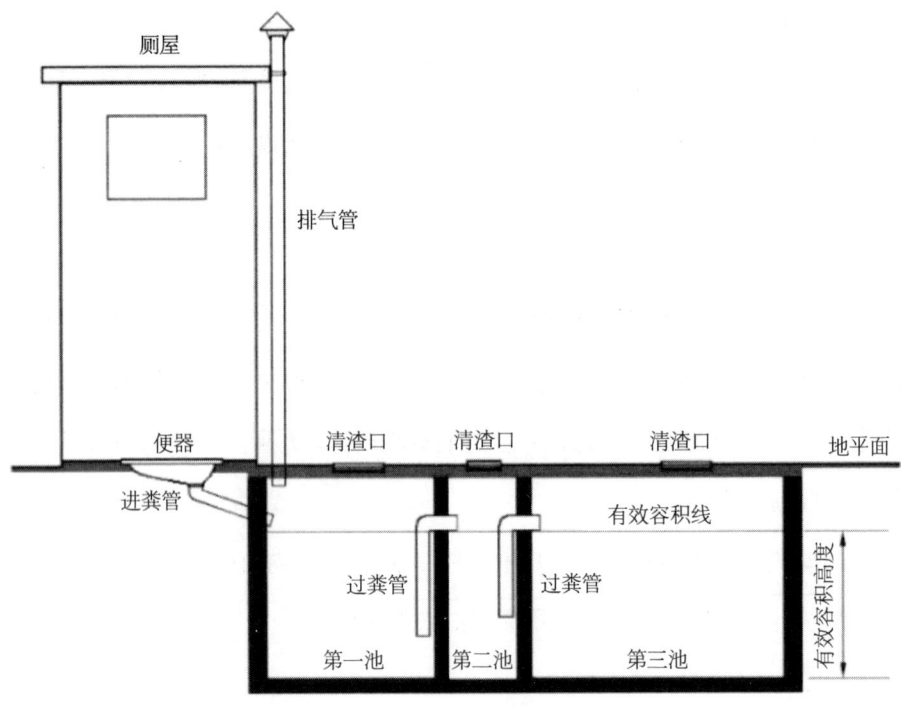

图 1-9　塑料三格化粪池户厕构造图

粪尿水混合液进行厌氧发酵,经过 20 d 以上的液化、分层、虫卵沉降,因为密度不同,粪液会自然分成三层:上层为糊状粪皮,下层为块状或颗粒状粪渣,中层为比较澄清的粪液。细菌和寄生虫虫卵大多在上层粪皮和下层粪渣中,中层中寄生虫卵最少。第一格粪液满了后,初步发酵的中层粪液经过过粪管溢流至第二格,大部分未经充分发酵的粪皮和粪渣则被阻留在第一格中继续发酵。溢流进第二格的粪液继续在厌氧环境中进一步发酵,与第一格相比,第二格中的粪皮与粪渣的量大大减少,发酵降解活动也较少,第二格没有新鲜粪便进入,粪液处于较为静止的状态,悬浮在粪液中的虫卵在此条件下能较好地沉降。经过 10 d 的发酵、分解后,粪液通过过粪管溢流至第三格中,第三格中的粪液一般已经腐熟,病菌和寄生虫卵已基本被去除,此时的粪液呈澄清的液体状,可以达到无害化的要求。第三格主要起到储存腐熟后粪液的作用,这一格的粪液可作为肥料还田。

三、技术参数

(一)塑料三格化粪池

塑料三格化粪池是该模式厕所中最重要的组成部分,由三个相互串联的池体组成,经过密闭环境下粪污沉降、厌氧消化等过程,去除和杀灭寄生虫卵等病原体,控制蚊蝇滋生的粪污无害化处理与贮存设施与设备。塑料三格化粪池的位置要因地制宜,应靠近厕屋,并留足清掏空间和通道,方便清掏车辆和设施进出,不应设置在低洼处,同时要注意不能影响道路交通。

1. 材质与形状

塑料三格化粪池的材质有 PE(聚乙烯)、PP(聚丙烯)、PVC-U(硬质聚氯乙烯)等,多用 PE 材质。塑料三格化粪池的形状一般为圆柱状,分为有肋筋和无肋筋两种。

图 1-10　塑料三格化粪池

2. 容积

塑料三格化粪池的有效容积应为 $2\ m^3$,有效容积是指有效容积线(过粪管底部水平线)下用于容纳粪污的体积,在使用人数大于 6 人时应增大化粪池容积。三格化粪池中设置两个隔板,由两个过粪管联通化粪池的三格,三格的容积比例原则上为 2:1:3,以达到粪液在第一格的停留不少于 20 d,在第二格停留不少于 10 d,在第三格停留不少于 30 d。

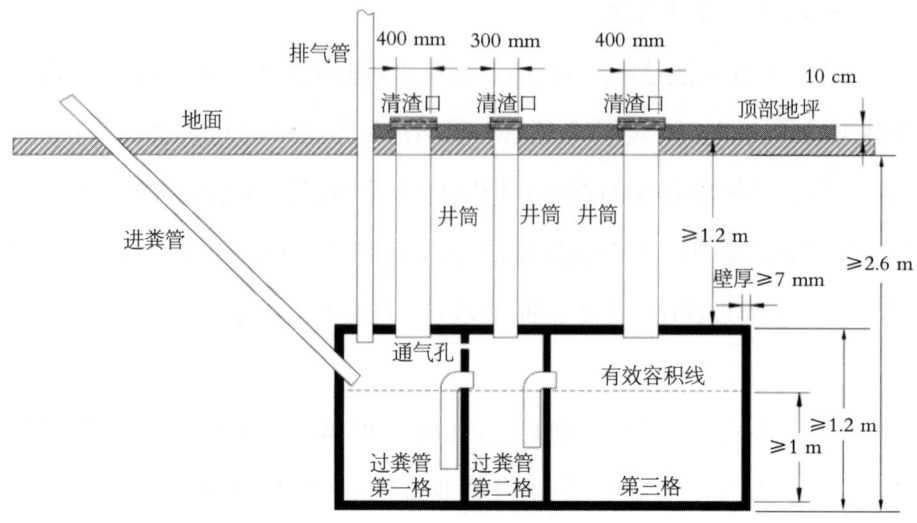

图 1-11　塑料三格式化粪池剖面图

3. 深度

塑料三格式化粪池的有效深度为有效容积线距池底的距离,不应小于 1 m,加上有效容积线上方距池顶的距离,化粪池总深度约为 1.2 m(不同化粪池有效容积线距池顶的距离不同)。塑料三格式化粪池埋深(化粪池顶部距地面的距离)应大于当地冻土层的深度,在宁夏一般为 1.2~1.5 m,基坑深度一般为 2.6~2.9 m。

4. 质量参数

外观:在醒目处应标注商标、有效容积、进粪口、清粪清渣口、排气口等标识,化粪池外壁应光滑平整、无裂纹,内壁应无明显瑕疵、边缘整齐、扣槽紧密、壁厚均匀、无分层。

荷载:要达到 80 kN,以承受化粪池覆土深度在 1.2~1.5 m 产生的压力。

壁厚:对于有肋筋的化粪池,壁厚应≥7 mm,对于无肋筋的化粪池,壁厚

表 1-2　塑料三格式化粪池技术参数

塑料三格式化粪池质量参数	最小壁厚				有效容积	≥2 m³
	带肋结构		不带肋结构		有效深度	≥1 m
	聚乙烯（PE）	7 mm	聚乙烯（PE）	10 mm	荷载试验	≥80 kN
	聚丙烯（PP）	7 mm	聚丙烯（PP）	10 mm	密封性	格池间无渗漏、无串水
	—		硬聚氯乙烯（PVC-U）	8 mm		化粪池整体无渗漏
相关配件参数	进粪管	内径	≥100 mm		过粪管	内径	≥100 mm
		安装坡度	≥20°			安装方式	倒 L 形或斜插管型
	排气管	内径	≥100 mm		清渣口/清粪口	直径	一般为 第一格 第二格 第三格 400 mm 300 mm 400 mm
		高度	超过屋檐 500 mm				
施工参数	埋深（化粪池顶部距地面距离）		≥1.5 m（个别地区 1.2 m）		基坑垫层	材质	砂石/混凝土
	回填		逐层（300 mm）夯实			厚度	100~120 mm
	基坑顶部硬化		高出地面 100 mm，面积大于基坑面积				

应≥10 mm。

密封性：化粪池应同时保证整体和格池间的密封性，在注满水时池体、连接部位，无明显变形、无渗漏，格池间不串水渗水。

（二）便器

由于三格化粪池的容积有限，不能采用常规大冲水量的便器，并严禁将其他生活污水接入化粪池，应当使用节水便器。如果冲水量过多，会影响粪便的发酵，从而影响粪便最终的无害化处理效果，当厕屋安装于室外时，要选用直通型便器，防止冬季结冰，根据需要可选择蹲便器或坐便器。便器可通过进粪管连接到三格化粪池的第一格上，也可直接安装在第一格的检查口上方，起到一定的防冻作用。当使用直通式便器时，需要安装防臭装置。

(三)进粪管

从厕屋到化粪池的管道称为进粪管,进粪管要求短而直、内壁光滑,与水平面的坡度不小于20°,确保粪便污水在管道中流动通畅。可采用直径110 mm(内径100 mm)的PVC或PE塑料管,进粪管下端出口要超出第一池池壁50 mm,并固定在池壁上,深度居池底1/2处为宜。

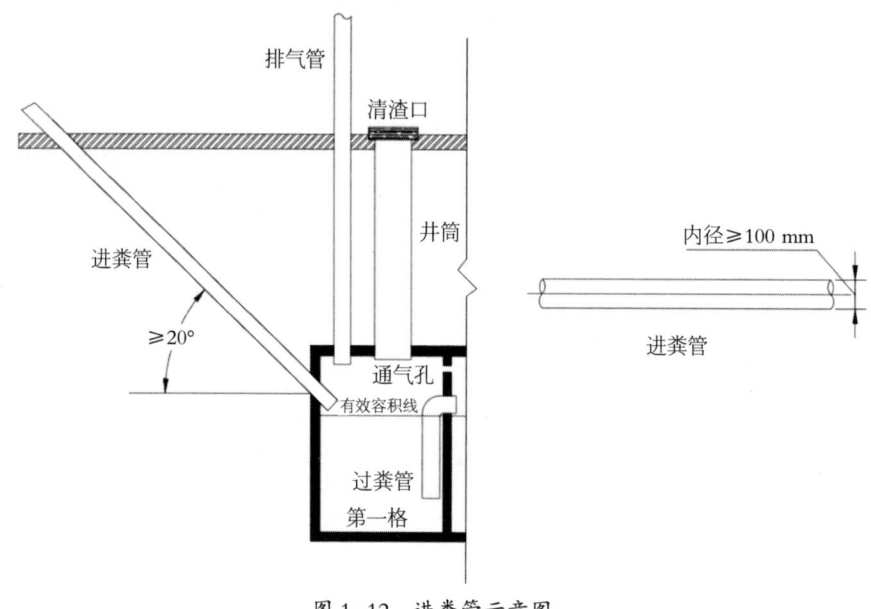

图1-12 进粪管示意图

(四)过粪管

过粪管有两根,一根联通一、二格,一根联通二、三格,过粪管关系到粪便流动方向,流程长短,是否有利于厌氧,能有效阻留粪皮、粪渣,以及保持第一池、第二池的有效容积,因此过粪管位置应置于寄生虫卵较少的中层粪液,一般采用倒"L"形或斜插管两种形式。采取斜插管的位置应斜插安装在两个隔板上,与隔板的水平夹角呈60°,采取倒L管的位置可直接安装在两个隔板上。过粪管采用直径110 mm(内径100 mm)的PVC或PE塑料管,要求内壁光滑,过粪管出口应超出池壁50~100 mm。

过粪管下端是粪液进口,其位置应该设置在寄生虫卵较少的中层粪液处,进粪口上端是粪液出口,其位置应尽量靠近化粪池顶部,以留出足够的有效高度和容积。过粪管通过隔板预留的孔安装固定,第一格到第二格的过粪管下端位置应在第一格的下 1/3 处,上端在距离第二格池顶 100~200 mm 处;第二格到第三格的过粪管下端位置应在第二格的下 1/2 处,上端在距离第三格池顶 100~200 mm 处。两个过粪管在隔板上的位置应该左右交错开,有一定的距离。

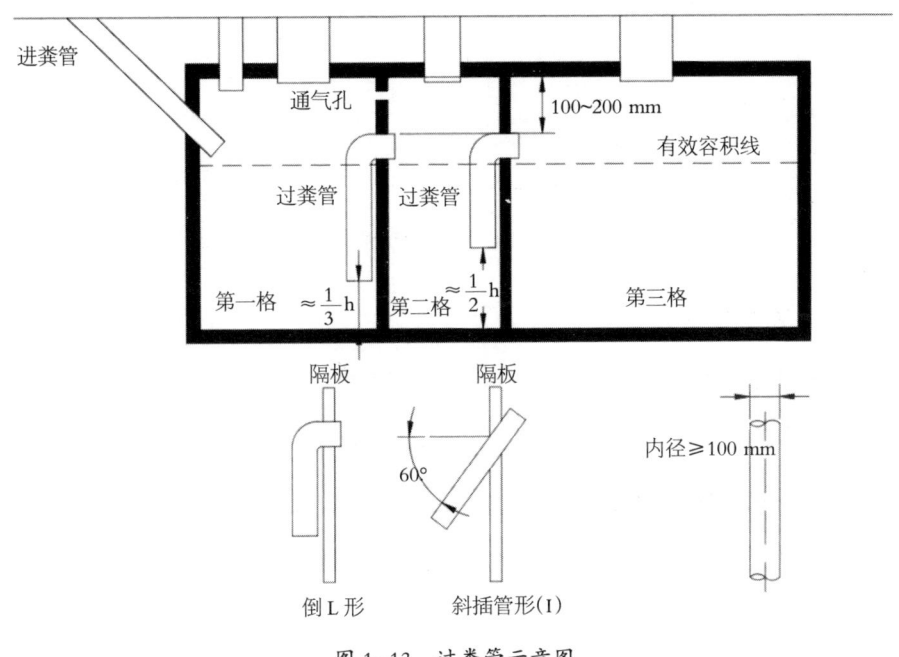

图 1-13 过粪管示意图

(五)排气管

三格化粪池户厕要安装排气管,以保证化粪池厌氧发酵产生的气体和粪尿的臭味可以有效排出,提高用厕的舒适性。排气管一般选用直径不小于 100 mm 的 PVC 管,一般安装在三格化粪池第一格顶部预留的位置上,或在进粪管上安装一个三通,再安装排气管,排气管引出地面后要尽量靠墙固定,防止刮风时排气管折断或儿童推摇产生安全隐患,同时高于厕屋 500 mm 以上,加装防雨防风防蝇帽。

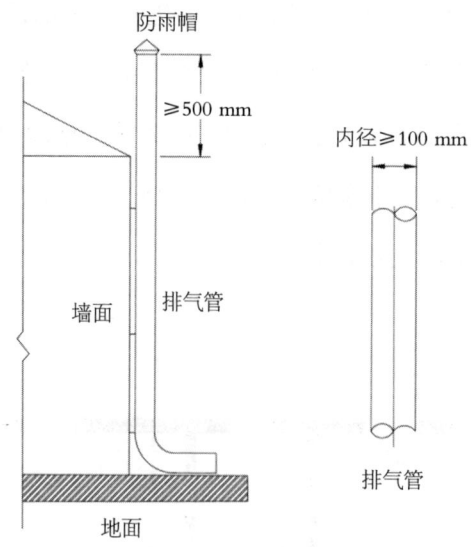

图 1-14 排气管示意图

(六)通气孔

化粪池第一格与第二格之间的隔板有效高度上方,应设置一个小孔,用于通气,以保证第二格厌氧发酵产生的气体能进入第一格,最终从排气管排出。通气孔是三格式化粪池上极易被忽略的一个构造,在生产和安装时要注意检查是否预留了通气孔。(见塑料三格式化粪池剖面图)

(七)化粪池清粪口与顶部硬化

三格化粪池的三格都要设置清粪口,清粪口通过井筒(波纹管或 PVC-U 管等)联通至地面,并配置窨井盖(水泥、塑料等材质),窨井盖要安全坚固,与清粪口形状严格对应,紧扣密封,第一格与第三格窨井盖一般为直径为 400 mm 的圆形,第二格一般为直径为 300 mm 的圆形,井盖要设置防坠装置,防止儿童、家禽等坠入。

三格化粪池基坑回填完成后要对顶部作业面进行硬化,硬化面要留出清粪口位置,避免封死清粪口,同时,要高出地面 10 cm,防止雨水倒灌,顶部硬化可防止雨水渗入,避免出现化粪池沉降、塌陷等现象。(见塑料三格式化粪池

剖面图,图1-11)

四、注意事项

(一)塑料三格化粪池施工

塑料三格式化粪池的施工质量直接影响建成后的户厕质量,在实际操作中要严把施工质量,避免出现因施工问题导致的化粪池变形、串水,以及后期因降雨造成化粪池沉降、塌陷等严重质量问题。

塑料三格化粪池在下放前要做注水实验,向第二格中注水至过粪管下方,确保无渗漏、格池间不串水、不渗水后再下放,下放时要避免暴力摔放,防止隔板变形导致格池间串水,过粪管脱落导致格池间无法有效阻隔粪皮、粪渣,影响分级发酵效果。

塑料三格化粪池基坑施工时,要根据化粪池尺寸和周边具体情况开挖基坑,充分考虑房屋地基和土层坚硬程度,避免小区域沉降、塌方等。要距墙体一定距离,且方便行走和排污,基坑要铺设砂石或混凝土垫层100~120 mm;回填时要做到逐层(300 mm)夯实。

塑料三格化粪池的埋深(化粪池顶部距地面的高度)要大于等于当地的冻土层厚度,避免冬季化粪池冻胀,宁夏冻土层一般在1.2~1.5 m。

(二)使用及维护

塑料三格化粪池户厕启用时要在第一格注入清水(可为雨水、井水等)没过第一格到第二格的过粪管下端。

塑料三格化粪池户厕使用要注意控制冲水量,每次冲水量不宜超过2 L,由于三格化粪池容量有限,大量的水进入化粪池会使粪便稀释导致不能达到预定的停留时间,影响厌氧发酵效果。因此,便器要使用节水便器,使用时要注意控制用水量。

第三格的粪液呈清褐色,液面上有一层薄膜时,说明已无害化,可将粪液抽出用于还田，第一格、第二格的粪液禁止用于还田。

塑料三格化粪池运行1年后，要根据使用情况对粪渣进行清理，在化粪池清渣、吸污时不得在周围吸烟、燃放烟花爆竹或使用明火，防止将粪便发酵产生的沼气引燃爆炸。

生活污水不得排入三格化粪池，卫生间洗澡水、洗衣水等也要避免排入三格化粪池，同时，便器不得使用洁厕灵清洗，含有表面活性剂、杀菌剂的清洁剂会杀死厌氧细菌，影响厌氧发酵效果，如有需要可用小刷子湿润后刷洗便器内壁。

由于塑料三格化粪池户厕一般连接自来水使用，因此冬季要采取保暖措施，防止自来水结冰，造成户厕无法正常使用。

三格化粪池型户厕在使用时还要注意定期检查化粪池及连接管道的密封性能，防止粪液渗漏，污染地下水和周边环境，甚至造成池体沉降、塌陷。

五、适用范围

塑料三格化粪池户厕与完整下水道式户厕、小型集中式户厕相比，结构简单、无能耗、成本较低，施工难度较低，但使用维护要求更高，生活污水不能同排。同时，化粪池企业生产的常规农村户用化粪池容量较小，适合2~4口人使用，人数增多时，需增大化粪池容积。因此，适合在居住分散、不具备建造完整下水道式户厕与小型集中式户厕的村庄使用。

第四节　钢筋混凝土三格化粪池式户厕

一、定义

钢筋混凝土三格化粪池式户厕是指接通自来水冲厕，粪污排入钢筋混凝土三格化粪池，在三格化粪池中发酵腐熟达到无害化处理的农村户厕，腐熟后的粪液可用于还田。

二、构造与原理

钢筋混凝土三格化粪池式由厕屋、便器、排气管、钢筋混凝土三格化粪池、进粪管、过粪管等组成的,通过进粪管将便器与三格化粪池连接,与塑料三格化粪池户厕相同。钢筋混凝土三格化粪池式户厕由地上和地下两部分组成:地上部分是厕屋、便器、排气管、化粪池窨井盖;地下部分是进粪管、过粪管、三格化粪池。

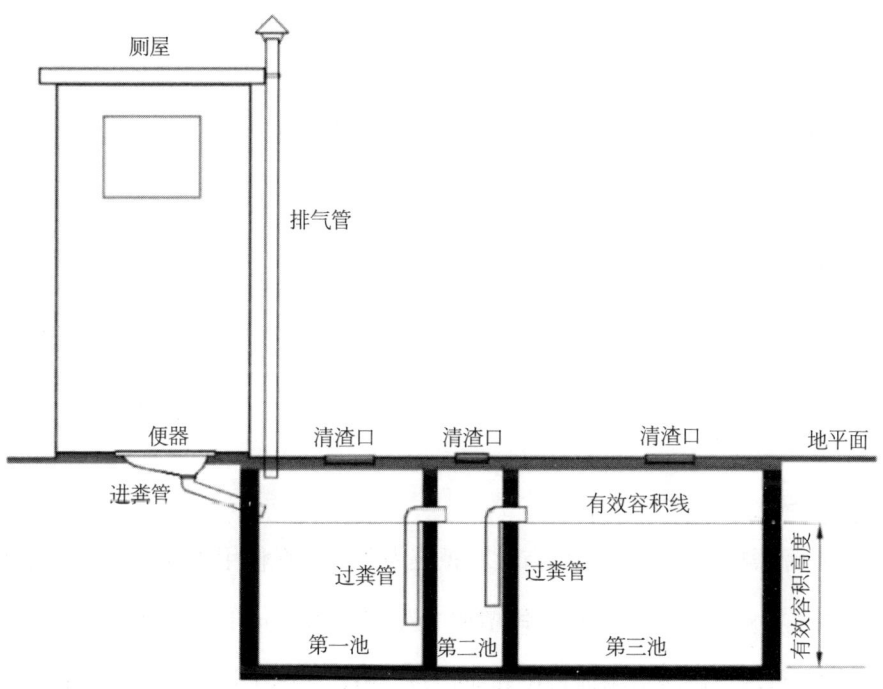

图1-15 钢筋混凝土三格化粪池式户厕结构示意图

该模式户厕与塑料三格化粪池式户厕无害化处理粪污的原理相同。第一池截留粪渣,沉淀虫卵,厌氧发酵;第二池继续发酵;第三池储存粪液。

三、技术参数

(一)钢筋混凝土三格化粪池

1. 材质与形状

钢筋混凝土三格化粪池用料简单,预制原料为水泥、砂石和少量钢筋,与塑料化粪池相比,抗压性和耐用性更好。施工时可购买预制好的化粪池进行安装,也可根据地形和土地条件自建,建设的灵活性大,钢筋混凝土三格化粪池一般采用"目"字长方形的形式,宁夏农村户厕建设中一般选用集中预制好的成品钢筋混凝土化粪池,主要有"目"字形和圆形两种形式。

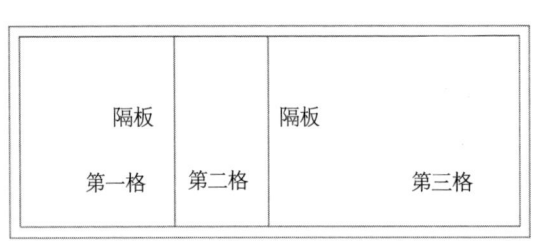 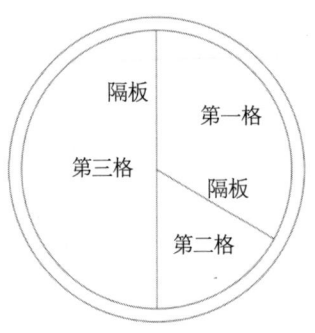

图 1-16 "目"字形三格化粪池俯视图　　图 1-17 圆形化粪池俯视图

2. 容积

钢筋混凝土三格化粪池的有效容积应为 2 m³,在使用人数超过 5 人时在建设时应增大化粪池容积,按照每增加 1 人,增加 0.5 m³ 的容积建设。三格化粪池中要浇筑或砌两道墙体将化粪池隔为三格,由两个过粪管联通化粪池的三格,三格的容积比例原则上为 2:1:3,当第二池的宽度不足 0.5 m 时,可按 0.5 m 设计施工。

3. 埋深

钢筋混凝土三格式化粪池的深度(化粪池顶部与地面距离),川区为 0.8 m,山区为 1 m 外加保温措施。

表1-3 钢筋混凝土三格化粪池(目字形)技术参数

钢筋混凝土三格化粪池规格	壁厚	120 mm	总容积		≥2 m³
	总深度	1.4 m	三格长度(内壁)	第一格	600 mm
	有效深度	≥1 m		第二格	300 mm
	宽度(内壁)	870 mm		第三格	900 mm
	底板钢筋规格	ø 8@100/ø 10@100	混凝土规格		C25~C30 防渗混凝土
相关配件参数	进粪管	内径	≥100 mm	过粪管	内径	≥100 mm
		安装坡度	≥20°		安装方式	倒L形或斜插管形
	排气管	内径	≥100 mm	清渣口/清粪口	直径	一般为 第一格 第二格 第三格 400 mm 300 mm 400 mm
		高度	超过屋檐500 mm			
施工参数	埋深(化粪池顶部距地面距离)	川区 0.8 m 山区 1 m	基坑垫层	材质	砂石/混凝土
	回填	逐层夯实(300 mm)		厚度	100~120 mm
	基坑顶部硬化	高出地面100 mm,面积大于基坑面积			

注:ø 8@100/ø 10@100 表示此梁钢筋的箍筋为直径8 mm或10 mm的圆钢,间距100 mm布设。

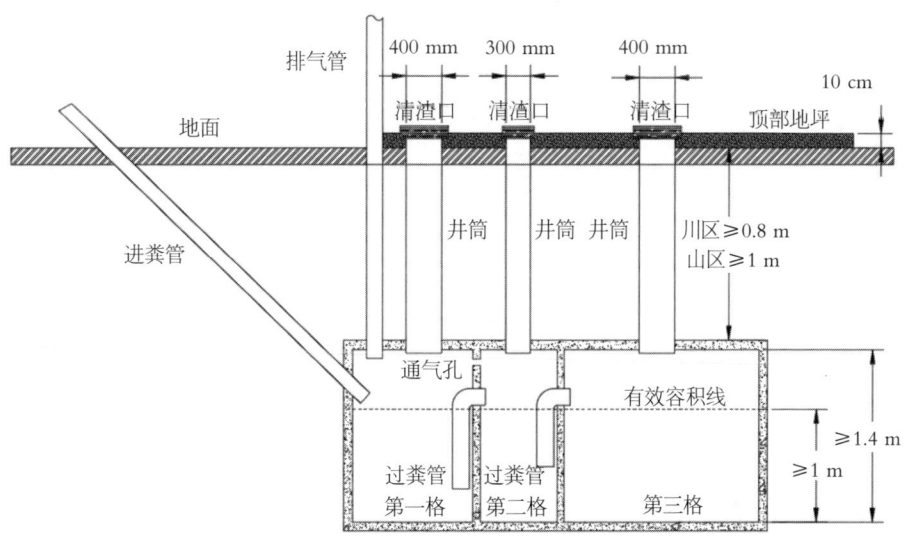

图1-18 钢筋混凝土三格化粪池剖面图

4. 质量参数

池体质量要求是无破裂、裂缝、错位,钢筋混凝土化粪池壁厚达到 120 mm。密封性能要做到整体不渗漏、隔板不渗漏、连接处不渗漏。

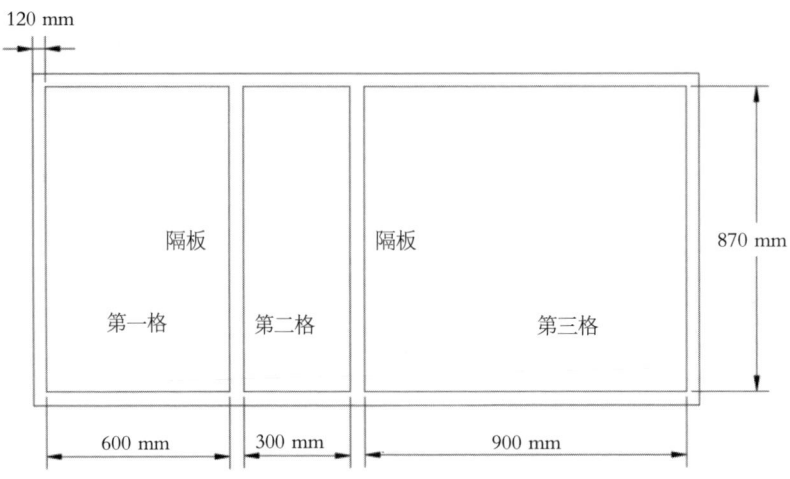

图 1-19 钢筋混凝土三格化粪池俯视图

(二)便器

应当使用节水便器,当厕屋建于室外时,要选用直通型便器,防止冬季结冰,当使用直通式便器时,需要安装防臭装置。户厕建于室内时,根据需要选择蹲便器或坐便器。

(三)进粪管

从厕屋到化粪池的管道称为进粪管,进粪管要求短而直、内壁光滑,与水平面的坡度不小于 20°,确保粪便污水在管道中流动通畅。可采用直径 110 mm(内径 100 mm)的 PVC 或 PE 塑料管,进粪管下端出口要超出第一池池壁 50 mm,并固定在池壁上,深度居池底 1/2 处为宜。

(四)过粪管

过粪管材质与进粪管相同,设置为倒 L 形或斜插形,具体要求参考本书第一章第三节的内容。

(五)排气管

三格化粪池要在第一格安装排气管,选用管径不小于 100 mm 的 PVC 管,具体要求参考本书第一章第三节的内容。

(六)通气孔

钢筋混凝土三格化粪池也应在第一格与第二格间的墙体设置通气孔,需注意在施工时在墙体有效高度上方钻开一个小孔,用于通气。

(七)化粪池清粪口与顶部硬化

钢筋混凝土三格化粪池顶部应安装预制钢筋混凝土盖板,盖板上三格的上方必须设置清渣口(观察口、出粪口),第一格与第三格开口直径为 400 mm,第二格开口直径为 300 mm,清渣口通过井筒(波纹管或 PVC-U 管等)联通至地面,井筒与化粪池连接处要用水泥胶连接,井口周边还应做防水圈,并用盖密封。

与塑料三格化粪池相同,基坑回填完成后要对顶部作业面进行硬化,防止雨水渗入造成化粪池沉降、塌陷等现象。硬化面要留出清粪口位置,避免封死清粪口,同时要高出地面 10 cm 防止雨水倒灌。

(八)农户自建钢筋混凝土三格化粪池

在宁夏有少量农户自建钢筋混凝土三格式化粪池,但存在建设标准不统一,化粪池易渗漏,运维不便等问题。因此,提倡建设户厕时选用预制好的钢筋混凝土三格化粪池,如有特殊原因需农户自建时,要严格参照自建钢筋混凝土三格化粪池的标准参数和要求施工,在技术人员指导下进行建设。

施工技术要点:

1. 放线和挖坑

在所选定的化粪池位置和确定粪池大小后,量好尺寸撒上石灰线,放线时应留出足够的浇筑操作空间,一般每条边放 150 mm,然后按线挖坑。川区挖 2.2 m 深,山区挖 2.4 m 深。要根据地质因素给基础做换填,川区可采用砂夹石

300 mm 换填,山区可采用 3∶7 灰土 300~500 mm 换填,并浇筑 100 mm 厚钢筋混凝土。建池时,池的基础应与相邻原建筑物基础保持一定距离。开挖池坑时,如土质较好则采取直壁开挖,紧贴坑壁砌筑;如土质较差或有地下水(要及时排水),则采用有一定坡度的放坡开挖,并保留 150 mm 的回填宽度。若有地下水渗入,应采取相应措施防渗抗浮。

2. 化粪池浇筑

钢筋混凝土化粪池采用木板或铁板组合成一个三格化粪池模具,然后用钢筋组成骨架,再用水泥、砂石搅拌成混凝土灌入模具浇筑而成。三格化粪池在建造时坑底一定要夯实,无地下水时,C25 混凝土底板下素土夯实;有地下水时,C25 混凝土底板下铺卵石或碎石夯实,厚 100 mm。在此基础上采用 C25~C30 抗渗混凝土浇筑墙体,混凝土式墙体厚度为 120 mm,中间分隔两道墙体,浇筑时要注意过粪管的预埋,并在第一格和第二格之间隔墙上方加通气孔。

3. 过粪管安装

过粪管安装时要注意角度、方向和位置的正确性。其中第一池到第二池过粪管下端(粪液进口)位置在第一池的下 1/3 处(距池底 400 mm),上端在第二池距池顶 150 mm;第二池到第三池过粪管下端(粪液进口)位置在第二池的中部 1/2 或 1/3 处,上端在第三池距池顶 150 mm。两个过粪管应对角错开布置,距两边墙 250 mm,过粪管安装要用水泥砂浆加防水胶固定密封。

4. 池盖的预制与安装

化粪池的池顶板和池盖为预制钢筋混凝土构件,盖厚 100~120 mm,采用 C25 混凝土预制,保护层 15 mm,安装池顶板时要用水泥砂浆密封,防止雨水渗入,保持池内密封发酵。

四、施工注意事项

(一)防渗漏

渗漏是钢筋混凝土三格化粪池可能出现的问题,渗漏不仅直接影响粪便的无害化处理,也易造成对周围土壤的污染。新建三格化粪池要进行防渗试验,池中加满水放置 24 h,水位增加或减少不超过 10 mm。如不合格,可使用含有防水材料的水泥浆抹面 1~2 次。经确认无渗漏后方可投入使用。

(二)回填土

化粪池完工后要进行回填,回填土时应先将化粪池盖盖好后,应对称均匀回填,分层夯实。化粪池顶部地坪的上沿要高出地面 100 mm,防止雨水流入三格化粪池。

(三)安全防护

清粪口及观察口要进行加固、设置标识等安全防护措施,防止人员坠入化粪池。

(四)生活污水分离

庭院生活污水、粪便污水应分管道收集排放。需要特别注意的是钢筋混凝土三格化粪池管道安装属于硬接触,要做好垫层铺设,避免因安装造成的管道断裂等情况,还要做好管道密封,防止粪污渗漏。

五、使用与维护

钢筋混凝土三格化粪池户厕使用及维护与塑料三格化粪池户厕相同,启用时要在第一格注入清水(可为雨水、井水等)至没过第一格到第二格的过粪管下端。要使用节水便器,使用时要注意控制用水量。可将第三格的粪液抽出用于还田,第一格、第二格的粪液禁止用于还田。在化粪池清渣、吸污时不得在周围吸烟、燃放烟花爆竹或使用明火,防止粪便发酵产生的沼气引燃爆炸。生活污水不得排入三格化粪池，不得使用洁厕灵清洗便器。冬季要采取保暖措施，防止自来水冰冻。

六、适用范围

钢筋混凝土三格化粪池户厕与塑料三格化粪池相似，建设成本较低，施工难度较小，化粪池容量小，适合 2~4 口人使用，人数增多时，需增大化粪池容积，抗压性和防渗透性比塑料化粪池更好，使用时格间不会串水，发酵效果好，使用维护要求较高，生活污水不能同排。在户厕建造时，一般选用预制好的钢筋混凝土三格化粪池，由于化粪池重量大，运输时对道路条件要求较高，施工时也需要更大空间，因此适合在居住分散、不具备建造完整下水道式户厕与小集中式户厕的村庄使用，还需要良好道路条件和较大的施工空间。

第五节　微水防冻式户厕

一、定义

微水防冻式户厕是由地下储水桶、潜水泵、电路开关构成高压冲水系统，代替普通水冲式厕所冲水系统的一种户厕。该模式厕所采用直通式防冻便器，不需要接通自来水，使用时向储水桶注入清水，通过电路开关控制冲水，按下开关后由潜水泵将储水桶中的清水抽吸出冲厕，松开开关后停止冲水，最终粪污进入化粪池或集中污水处理系统。可用于替代目前广泛使用的自来水管和便器水箱等传统冲水装置的卫生厕所，实现节水防冻的目标。该模式为宁夏首创，并被农业农村部列为西部干旱寒冷地区主要推广的模式之一。

二、构造

微水防冻式厕所由防冻便器、储水桶、潜水泵、电路开关和三格化粪池等

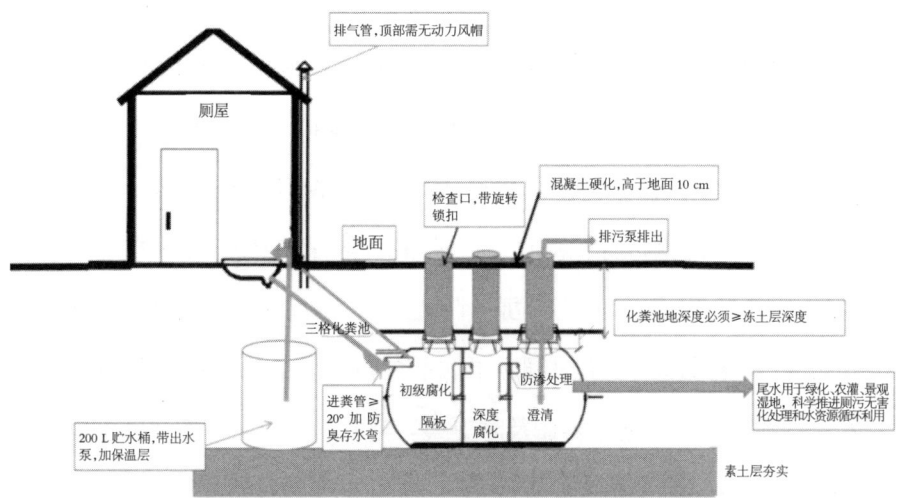

图 1-20　微水防冻式三格化粪池户厕结构示意图

部分组成。

三、技术参数

（一）防冻便器

防冻便器必须选择没有"S"形存水弯的直通便器，加装硅胶密封圈。使用排污管连接便器的出水口与三格式化粪池进粪口。进粪管与化粪池的坡度≥20%，防止积水结冰。排污管进入三格式化粪池前加装存水弯管（冻土层下）或在化粪池进粪管后端加装防臭硅胶密封塞，以隔绝返臭。

（二）储水桶

储水桶应埋于地下，埋深要在冻土层以下，储水桶容积应≥200 L，采用塑料或玻璃钢材质，壁厚应≥7.0 mm，具备较好的抗压能力，不变形，不开裂，不漏水。储水桶要与三格式化粪池同步施工并通过竖管连接到地面，加装井盖，地面处理平整，便于补水。清水管要使用耐低温钢丝软管，与储水桶的坡度≥20%。水源可来源于雨水、窖水、自来水和生活二次用水（淘米水、洗菜水等）。

(三)潜水泵

清水型潜水泵应符合国家《井用潜水泵》(GB/T 2816—2014)质量标准,额定电压 220 V,功率应≥370 W,扬程≥10 m,流量≥1 m³/h,转速为 2 850 r/min,普通钢材制作的进水滤网、电缆防护罩、螺钉等零件应做防锈处理。潜水泵应选用全铜线圈、不锈钢机身和密封泵头,带有过热保护功能,无水自动切断电源,防止电机烧坏,具备自动回流功能,防止冲水管内余水残留结冰。潜水泵使用安全可靠,首次故障前工作时间应不低于 2 500 h。电源线使用防水电缆,潜水泵和电源线路要根据使用寿命及时更换。厕所冲水压力和冲水量主要由潜水泵的功率大小决定,要结合便器冲水口冲水角度调整到位,确保厕所冲干净且水不外溢。

(四)电路及开关

安装和使用电灯、电泵、电线、电路开关要严格执行国家《用电安全导则》(GB/T 13869—2008),防止电路电器漏电伤人。电动冲水按钮要安装在马桶上方合适位置,便于如厕后随手冲厕。有条件的地方,还应在三格式化粪池第三格内配备带浮球的污水泵,水满后可自动排水还田。

(五)化粪池

微水防冻式户厕粪污需要通过三格式化粪池或下水管网进行收集处理,

图 1-21 微水防冻型塑料三格化粪池户厕

具备污水处理设施的地方要尽可能将厕所粪污与生活污水协同处理,达标排放。宁夏的微水防冻式厕所大都接入三格化粪池使用,三格化粪池的具体要求可参考本章第四节、第五节内容;接入下水管网处理时,户用化粪池及管网的具体要求可参考本章第二节、第三节内容。

(六)技术特点

微水防冻水冲式厕所具有结构简单,技术成熟,群众容易接受,使用方便,节水、节电、防冻、防臭效果显著。

1. 节水

按照清水型潜水泵额定流量 1.5 m³/h 测算,每秒冲厕用水 0.4 L,冲水 1~2 s 的如厕用水为 0.4~0.8 L,以 4 口人家庭计算,每人每天使用 5 次厕所用水约 2 L,每月用水 240 L。实际每户每月用水一般在 200 L 左右,每月向储水桶补水 1 次,每户全年共使用 2.4 t 水左右。而普通节水型马桶每次使用至少需要 4 L 水,使用微水防冻水冲式厕所每人每次约可节约 3 L 水,能降低至少 75% 的厕所用水量。

2. 防冻

宁夏厕所冬季保暖问题是制约改厕工作的最大难题,使用电热板、保温棉等保暖措施均无法有效解决非主房水冲式厕所的厕具或水管结冰问题。该模式使用防冻便器,防冻便器由于没有存水弯和便器储水箱,不需要连接自来水管,储水桶埋于冻土层以下且清水管余水自动回流,可有效解决冬季防冻问题。

3. 节电

微水防冻型厕所不需要安装电热板等保温防冻措施,不需要耗费电能保温,明显降低农村水冲式卫生厕所使用和维护成本。以 4 口人家庭计算,每人每天使用 5 次厕所,每次冲厕时间 2 s,全天累计使用 40 s,每户全年累计使用约 4 h,功率为 370 W 的潜水泵每小时耗电 0.37 W·h,全年约耗电 1.5 W·h,相当于看 15 h 电视。

4. 防臭

防冻便器没有"S"形存水弯，无法隔离下水管道气味，必须在进粪管增加防臭措施。该模式主要采取安装排气管和防臭硅胶密封塞或在冻土层下加装存水弯管等措施，能有效隔绝来自化粪池的返臭，保证卫生厕所的正常使用。

5. 少清掏

使用高压冲水装置，能大幅降低用水量，当接入三格化粪池使用时，可有效延长化粪池用满的时间，保证粪污在三格化粪池中有效停留时间 60 d 以上，发酵效果好，清掏次数较普通三格化粪池户厕少。

四、使用与维护

微水防冻式户厕与普通水冲式户厕冲水方式不同，在使用时要注意操作方式，如厕后，按下便器上方的高压冲水按钮，地下储水箱内的潜水泵将水泵入便器内进行冲洗，冲洗时间可根据实际情况冲水 1~3 s，直至冲洗干净。冲水完毕后，松开开关，清水管内遗留的水在重力的作用下会回流至储水桶内，要避免清水桶中无水时长按冲水按钮，防止水泵空转。定期对潜水泵及电缆线进行检查，确保设备安全使用。定期对便器和厕所进行保洁，禁止往便器内扔厕纸等杂物。要根据地下储水箱内水量消耗情况，及时补充自来水、窖水、收集雨水等清水，也可将日常洗菜、淘米等废水灌入储水桶，以节约水资源。

五、适用范围

1. 寒冷地区新建厕所

在不具备供暖条件的房屋实施厕所改造的地区。一些候鸟式农户，冬季不在农村居住，可推广应用节水防冻装置，与"室内主房水冲式+三格式化粪池"厕所、"室内主房水冲式+完整下水道"等厕所同步建设。

2. 缺水地区新建厕所

该模式主要适用于我国西北、东北、华北的宁夏、陕西、甘肃、内蒙古、新疆、青海、西藏、黑龙江、辽宁、吉林、山西、河北等寒旱山区，以及自来水水压不足、间歇性供水地区和极端天气频发地区。

3. 部分户外厕所改建

已建成的室内侧房或室外独立式卫生厕所，可利用节水防冻装置进行改造，以节约建设成本并达到节水防冻之目的。前期建设的传统型水冲式卫生厕所因群众惜水惜电等传统习惯，使用率不高的地区，也可推广该模式。

表 1-4 各技术模式户厕对比

模式	造价	施工要求	道路要求	埋深	使用条件	粪污处理情况	运营维护
完整下水道式	高	需建设管网，村庄地势变化小，施工量巨大	交通便利	冻土层以下	接通自来水使用，冬季需采取保暖措施	可与生活污水同排，污水并入城市管网或小型污水处理站处理	清掏频率低，由政府组织运营维护
小型集中式	较高	村庄居住集中，有明显巷道，施工量大	交通便利	冻土层以下	接通自来水使用，冬季需采取保暖措施	可与生活污水同排，污水可排入城市管网或小型污水处理站	清掏频率较低，由政府组织运营维护
塑料三格化粪池式	较低	村庄居住分散，施工所需空间较小，施工量小	可通行汽车	1.2~1.5 m	接通自来水使用，冬季需采取保暖措施	不可与生活污水同排，粪污需定期清掏	清掏频率高，需农户在使用时自行维护
钢筋混凝土三格化粪池式	中等	村庄居住分散，施工所需空间较大，施工量较大	可通行吊车	川区≥1 m 山区≥0.8 m	接通自来水使用，冬季需采取保暖措施	不可与生活污水同排，粪污需定期清掏	清掏频率高，需农户在使用时自行维护
微水防冻式	中等	村庄居住分散，施工所需空间较小，施工量小	可通行汽车	根据三格化粪池材质确定	无需接入自来水，可使用溶清后的雨水、管水，冬季无需采取保暖措施	连接三格化粪池使用时，不可与生活污水同排，粪污得到无害化处理，可还田	清掏频率较低，需农户在使用时自行维护

第二章　建设管理

近年来,宁夏深入贯彻习近平总书记关于"厕所革命"的重要指示批示精神,始终把农村厕所革命作为实施乡村振兴战略、改善农村人居环境、补齐农村基础设施短板、为民办实事的重要工作来抓。坚持因地制宜、统筹规划,分类指导、梯次推进的总方针,树立全过程管理理念,从统一培训到后期运维,强化有序推进、整体提升、建管并重、长效运行的管理模式,探索建立了"4+4+4"全过程管控体系,突出组织管理机制,深挖管理效益,推进宁夏农村改厕进度质量双提升,从根本上改变了已往"干部干、群众看"的状态,受到干部群众的一致好评。

第一节　建设过程管理

农村厕所建设成功与否,质量管控是关键。尽管农村户厕建设每户的工程量很小,但涉及专业多,如水、暖、电、沼气、安全等方面,从选址施工到运行维护,每个环节都必须将质量牢牢把控好,这既是农村户厕建设的重点,也是难点。为了切实提高农村厕所改造建设质量,宁夏积极探索建立了"4+4+4"全过程管控体系,主要包括多级培训制、检验检测制、产品备案制、黑名单制、招投标制、包片责任制、领导约谈制、施工监理制和分级验收制等多项措施,有效提升了农村户厕改造建设的整体水平,农村户厕改造建设合格率明显提高,群众满意度大幅提升。

一、多级培训制

多级培训制指全区组织专家团队培训县级技术专干、县级技术专干培训乡级技术骨干、乡级技术骨干培训村级工作人员的多层级、全覆盖培训制度。培训采取统一培训教材、统一制作和发放培训光盘、现场观摩和实操演练等方式进行培训。

图 2-1　高素质农民培训彭阳观摩点

（一）培训对象

培训对象主要是各级政府和农业农村部门主管"厕所革命"相关负责人、责任人、技术人员和安装工人。

（二）培训方式

一是通过举办农村改厕"明白人"和"领军人才"等农村厕所改造技术培训班。采取课堂教学、现场教学、经验分享、专题讲座和考察观摩等方式，对农村厕所建设基层管理人、带头人、监督人、施工人和技术人进行培训。二是通过座谈会、现场观摩会等形式，讲解政策和技术，强化现场指导，确保各级参与者成为农村户厕改造的"明白人"。三是摄制了《塑料三格化粪池户厕建设技术》和《钢筋混凝土三格化粪池户厕建设技术》两部宣教培训片,并刻录光盘发放给各县(市、区),再复刻后给全区各乡镇和村委会,供乡村基层干部在厕所建设和培训中使用。有效地拓展了培训覆盖面、使培训方式更灵活、让农民群众更容易看懂接受。

(三)培训内容

培训内容主要包括技术规范类和工程实操类。技术规范类有农村人居环境环境整治相关政策、三格式化粪池质量标准及安装原理、钢筋混凝土三格式化粪池原理及施工标准、农村厕所验收标准、农村厕所粪污资源化利用方法、农村集中下水道收集户厕建设技术规范、三格式化粪池检验标准、节水防冻厕所技术标准、农村户用厕所使用与维护、农村生活垃圾治理及卫生标准、村庄清洁行动技术要求等。工程实操的重点是厕屋选址、厕屋建造、便器选择与安装、化粪池选型、化粪池基坑开挖与垫层施工、化粪池安装、化粪池基坑回填、现浇式三格化粪池施工、工程质量验收和后期维护运营等多个方面。

(四)培训效果

2019—2020年,宁夏农村厕所改造建设累计培训9 000余人次,确保了宁夏每个行政村都有2~3名改厕技术"明白人"。经过多层级、全方位、多形式的系统培训,达到了"施工到哪里,培训就到哪里""层层培训,人人明白"的目的,实现了厕所质量管理用户化、全程化,有效地提升了宁夏农村户厕改造建设整体质量和水平。农民群众参与农村人居环境整治和"厕所革命"的热情普遍高涨,农村户厕改造建设和运营维护关键技术的掌握程度普遍提高,质量监控体系更加健全。

二、检验检测制

为加强农村户厕改造产品的质量监管,2020年宁夏实行了改厕产品检验检测制,对进入宁夏市场的三格式化粪池产品按照相关规定进行检验检测。凡是进入宁夏市场的改厕产品,必须经宁夏有资质的第三方检测机构检验,合格后方可使用,凡不具有产品合格证书或检验不合格的产品禁止使用。该制度实行后,先后淘汰各类化粪池生产企业 32 家,列入黑名单监管的企业 4 家。

(一)检测与抽检

凡进入宁夏市场的三格式化粪池产品,由产品生产商或供应商送至宁夏有资质的第三方检验检测机构进行检测检验,并出具检测检验报告。宁夏农业农村厅依据检测检验报告予以备案登记,在使用备案产品前,再由县农业农村局与第三方监理人员按批次进行抽样送检,检验合格后方可使用,抽检不合格的不允许使用。对抽检不合格的三格式化粪池生产企业和操作不规范的改厕施工企业列入诚信"黑名单"管理。

三格式化粪池每批次供应量小于 2 000 个的,随机抽取 2~3 个产品进行检

图 2-2 现场抽查化粪池质量

验检测,每批次供应量大于 2 000 个的,每增加 1 000 个产品,增加 1 个抽检样。每批次所检产品有 1 个不合格的,即视为该批次产品不合格,所有该批次产品均不得使用。同批次产品抽检过后,不再重复抽检,监理机构必须对产品批号和检验检测结果进行备案。

(二)检验依据与项目

依据《农村三格式户厕建设技术规范》(GB/T 38836)、《塑料化粪池》(CJ/T 489)和《宁夏农村厕所建设技术指导意见》(宁农居(办)发〔2019〕3 号)等标准的相关要求,对三格式化粪池产品的外观、基本结构、最小壁厚、荷载试验、负压试验、抗冲击性能、有效容积、总容积和密封性等指标进行检验。

三、产品备案制

2019 年进入宁夏改厕市场的化粪池产品繁多,有软性塑料的、有硬质塑料的、有玻璃钢的、有一体式的、有组装式的、有焊接的、有黏合的、有的壁厚耐压强、有的壁薄不抗压等不一而足,产品质量参差不齐。为了有效管控宁夏农村改厕中三格式化粪池产品质量,从源头把好改厕质量关,宁夏农业农村厅联合宁夏市场监管厅、住房和城乡建设厅,实行三格式化粪池产品备案制度。从 2020 年开始,按照《关于进一步加强全区农村"厕所革命"产品供应和施工企业管理的通知》要求,对进入宁夏市场的三格式化粪池产品进行备案制管理。

(一)程序与做法

产品供应企业将改厕产品送至宁夏有资质的第三方检验检测机构进行检验,检验合格后由农业农村厅组织相关专家进行审核,审核通过后发布三格式化粪池供应企业合格产品名录。只有列入合格产品名录的产品才能进入市场使用,未进入名录中的产品不得使用。该名录仅供产品备案和建立可追溯体系使用,不作为产品现场使用合格的依据。对于预制钢筋混凝土三格式化粪池质量的管控和使用,由各县(市、区)农业农村局根据实际情况进行备案管理。

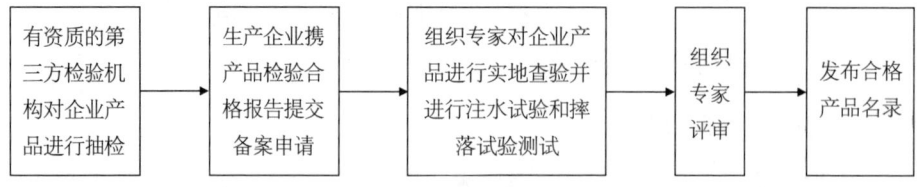

图 2-3 三格式化粪池产品备案流程

依据《农村三格式户厕建设技术规范》(GB/T 38836)、《塑料化粪池》(CJ/T 489)相关要求以及《宁夏农村厕所建设技术指导意见》(宁农居(办)发〔2019〕3 号)的相关规定,自 2020 年 6 月 10 日起,宁夏农业农村厅对进入宁夏市场的三格式化粪池备案产品按照表 2-1 中所列的指标和要求进行检测。

表 2-1 三格式化粪池检测检验指标

检验项目	指标要求	检验依据
外观	外壁应色泽均匀,光滑平整、无裂纹、无孔洞,内壁应光滑平整、无裂纹、无明显瑕疵,边缘应整齐,扣槽应严密,壁厚均匀,无分层现象	GB/T 38836
基本结构	三格化粪池第一、二、三池容积比例宜为 2:1:3 过粪管应内壁光滑,内径不应小于 100 mm,设置成倒 L 形或 I 形;过粪管上沿距池顶不宜小于 100 mm 两个过粪管应交错设置	GB/T 38836
最小壁厚	≥7 mm	CJ/T 489
荷载试验	室温,试验压力≥80 kN,试验后无破裂、裂缝,组装连接处不错位、不撕裂	CJ/T 489
负压试验	室温,-0.05 MPa 气压(15 min),无破损、裂缝	CJ/T 489
抗冲击性能	20℃±2℃,1 kg 重量,d90 型落锤,2.5 m 高,冲击 6 个位点,分别位于池体顶部、侧面、底部等重要承力点位置,试验后无破裂、损坏,组装连接处不错位、不撕裂	GB/T 14152
有效容积*	≥1.5 m³	GB/T 38836

续表

检验项目	指标要求	检验依据
总容积	≥2.0 m³	CJ/T 489
密封性	注水至第二池过粪管溢流口下沿,静置24 h,第一池、第三池无串水,格池间无渗漏;封闭池体所有进出口,清渣口和清粪口连接井筒200 mm后注满水,静置24 h,查看池体、连接部位、外形无明显变形、无渗漏。	GB/T 38836

注:宁夏有效容积执行2.0 m³。

各地按照宁夏回族自治区改善农村人居环境工作领导小组办公室(以下简称"宁夏人居办")发布的三格式化粪池供应企业合格产品名录,择优选择相关企业的产品。使用方应按照相关文件要求,做好产品抽检,把好产品使用质量关。具体就是,在产品使用前,由各地农业农村局与第三方监理人员按批次抽样送检,检验合格后方可使用,对抽检不合格的产品和企业列入"黑名单"管理,取消其合格产品备案资格;自治区、县(市、区)在抽样调查或抽检中发现化粪池有格间串水、化粪池塌陷等严重质量问题的,对相关地区负责人进行严肃问责,产品供应企业和施工企业将被列入"黑名单"管理。凡进入"黑名单"的企业,其产品不得进入宁夏市场,施工企业不得在宁夏承揽农村改厕工程。

(二)备案产品使用要求

1. 凡进入合格产品名录的企业,各地可推荐使用。凡列入"黑名单"的企业,各地不得推荐使用,待企业所提供的产品经宁夏有资质的机构检验合格,报宁夏农业农村厅备案,进入准入名录并发布后方可推荐使用。

2. 未进入备案名录的塑料类三格式化粪池生产企业产品,不得继续招标采购,即使产品已采购也不得使用。待企业所提供的产品经宁夏有资质的机构检验合格,报宁夏农业农村厅备案,进入备案名录并发布后方可推荐使用。

3. 各县(市、区)采购的各类三格式化粪池,在使用前必须由当地农业农村局组织抽样送检或备案。塑料三格式化粪池必须按生产批次至少每两个月抽检一次,检验不合格的一律不得招标使用,并列入"黑名单",产品退出宁夏市场。

4. 禁止使用塑料组装式、玻璃钢材质三格化粪池。农村改厕新建的三格式化粪池,鼓励提倡使用钢筋混凝土三格式化粪池,并简化验收程序。改厕的厕屋、厕具及相关配套设施和设备,严格登记产品合格证,强化产品质量追溯制度,加强产品质量管理。

5. 对参与各县(市、区)农村改厕的施工企业采取备案登记制。各地需对从事农村厕所改造的产品供应企业和施工企业登记造册,并将抽检情况于每月5日前后报宁夏农业农村厅。户厕改造验收中发现的施工质量不合格企业,也将列入"黑名单"管理,严禁参与宁夏农村改厕招标和施工。

(三)备案管理效果

2019年备案前,进入宁夏市场的三格式化粪池供应企业共有36家,产品质量参差不齐,导致农村户厕改造问题多隐患大。实行产品检验备案后,宁夏共发布备案准入名录9批次,累计22家企业进入该名录。通过实施备案制度后,宁夏使用的塑料三格式化粪池质量大幅度提升,化粪池塌陷、变形、渗漏水、格间串水等突出问题得到了有效遏制。

案例:2020年5月,宁夏人居办接到群众反映,原州区张易镇陈沟村农村户厕存在严重质量问题,人居办检查组赶赴现场实地检查后发现,该村建设的50户厕所是美丽村庄建设配套项目,由原州区住房城乡建设和交通运输局在2018年招标,宁夏鎏铭建设工程有限公司于2019年建设。存在的主要问题是化粪池产品检验报告缺少主要指标,所有户厕不同程度存在水电未通、马桶未安装、化粪池破损或变形坍塌、地坪未硬化、排气管未安装或安装不规范、化粪池埋深较浅等质量问题,导致农户无法使用。针对存在的问题,宁夏人居办及时下发整改意见,要求原州区对张易镇陈沟村2019年安装的三格式化粪池户厕全部进行整改。同时,对原州区美丽村庄项目建设的农村户厕进行逐户检查验收,对存在的问题及时进行整改,并参照宁夏农村"厕所革命"产品供应企业合格名录采购三格式化粪池,禁止采购未送检或经检测的不合格产品。整改通知下发后,原州区能提高思想认识,聚焦陈沟村改厕问题,坚持质量第一,全面摸排农村改厕问题,强化改厕质量监管,所有美丽村庄配套建设农村户厕全部得到整改,农村户厕改造合格率、使用率、满意率得到进一步提高。

四、黑名单制

为有效提高农村户厕改造建设质量,扎实推进"厕所革命"工作,防止备案后供应三格式化粪池的企业以次充好、鱼目混珠,在使用过程中采取了"黑名单"管理制,"黑名单"由宁夏人居办发布文件,进一步加强化粪池质量的监督管理。

1. 对备案企业三格式化粪池产品在使用过程中发现隔间串水、化粪池变形、塌陷等严重质量问题的,将相应产品生产企业列入"黑名单"。

2. 对全区农村户厕改造各级抽查、检查、验收中发现的施工质量不合格问题,将其施工企业列入"黑名单"。

3. 凡进入"黑名单"的改厕产品生产销售企业,其产品不得在宁夏农村户厕改造建设中使用。

4. 凡是进入"黑名单"的改厕施工企业,一律不得在宁夏参与农村改厕工程项目招标和施工。

5. 对使用不合格三格式化粪池的县(市、区)和把关不严的县(市、区)进行严肃问责处理。

6. 对已经使用的不合格产品,全面叫停施工,直至重建。

7. "黑名单"由宁夏人居办以正式文件发布。

五、招投标制

2019年伊始,宁夏农业农村厅就按照"以县为单元,推广使用成熟的改厕技术模式,确保改厕质量和施工安全"的要求,强化顶层设计,规范农村厕所改造程序,落实农村厕所改造规范和标准,规范资金使用,加强工程成本核算,督导改厕进度,全面实施了农村户厕改造建设招投标制。具体要求如下:

1. 各县(市、区)农业农村局对农村厕所改造质量负总责,按照相关质量标准和技术参数,综合考量价格、资信等多方面因素,做好农村厕所改造项目招标工作。同时,按照招标方案要求与中标企业签订供货合同、施工协议等,明确权责,并定期对所使用产品按规定和标准进行抽样送检。

2. 项目中标单位要确保所使用的厕具、化粪池、管材、配套设备等产品符合相关质量要求,严禁质量低劣产品中标和使用。厕具必须为资证齐全的厂家生产,且符合洁净、美观、耐用、实用的要求,三格式化粪池材质不管是塑料的,还是预制钢筋混凝土的,都必须符合国家或行业标准技术要求。

3. 投标人及评标委员会必须按统一标准进行评审,市场监管机构对各参与方依法监督,结果公开。

4. 所有投标单位都要经过严格的资质预审,符合项目要求的投标单位才有资格参加项目投标。凡是进入"黑名单"的改厕施工企业,一律不得在宁夏参与农村改厕工程项目招标和施工。

六、包片责任制

自2019年起,宁夏回族自治区党委政府把农村"厕所革命"作为实施乡村振兴战略、全面建成小康社会的重要内容来抓,将农村改厕列入全区十大民生计划,要求数量与质量并重,强化改厕技术指导,打造精品工程。为了进一步实现农村户厕改造质量和进度双达标,宁夏农业农村厅积极探索,在全区

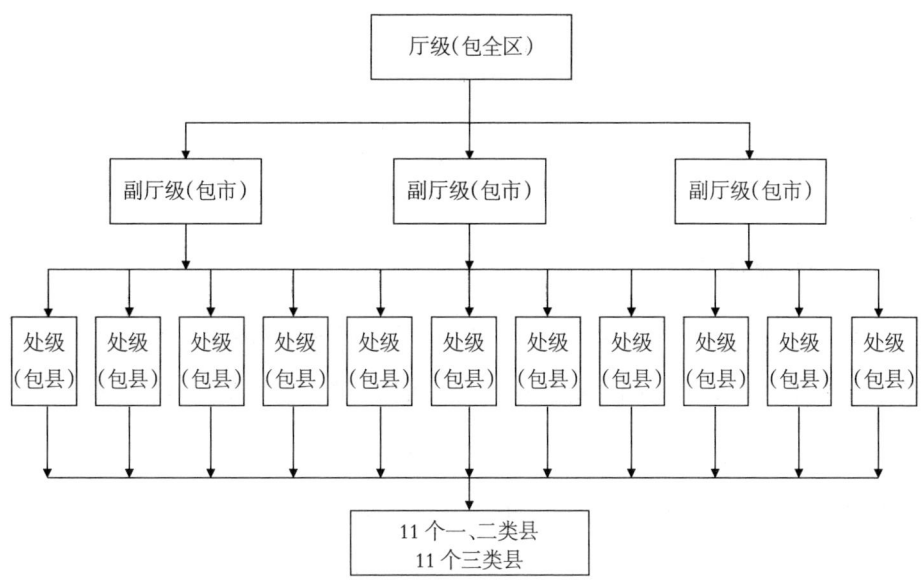

图 2-4 包片责任制组织机构图

实施了包片责任制。

（一）包片内容

按照包片责任制的要求，宁夏农业农村厅确定 3 名厅级领导包片负责农村改厕技术指导，并指派农业农村厅农村社会事业促进处、宁夏农业环境保护监测站、宁夏农村能源工作站的 11 名处级干部每人包抓两个县，做到技术服务到位、培训到位、进村入户到位，实地督导农村厕所改造进度和质量。

（二）包片负责

1. 工作内容

①对数量负责；②对质量负责；③对问责负责；④对发现问题整改情况负责。

2. 工作方法

①包片负责的过程中至少对接该县县委书记和县长一次；②召集乡镇负责人召开研究部署会议，及时解决存在的问题；③对已经验收完的县（市、区），及时形成完备的验收报告，并反馈县委书记和县长，确保改厕任务保质保量完成。

3. 工作机制

各包片负责人在全面开展改厕问题梳理的同时,加大改厕技术指导力度,全面做好督导工作,严格模式选型、产品选购,对发现不合格产品和施工企业,列入"黑名单"。

(三)双周调度制

在包片责任制的基础上,宁夏实施了改厕进度双周调度制。由农业农村厅农村社会事业促进处每两周对各县(市、区)改厕进度进行调度,及时掌握各地改厕进度,认真分析存在的问题,指导各地坚决完成改厕任务。同时,将调度数据直接向宁夏党委和政府分管领导进行汇报,对进度迟缓、质量不高的县(市、区)政府主要负责同志进行约谈,把强化组织领导作为推进农村改厕工作的"硬措施"。

七、约谈通报制

针对工作进展缓慢,质量把关不严的问题,实行约谈通报制。主要是对改厕过程中存在的质量不高、进度迟缓、虚报瞒报、资金挪作他用等问题,约谈相关县(市、区)主要负责人,对存在的问题,及时下发整改通知书。通过约谈沟通、批评教育、有效引导的方式,对农村户厕改造中存在的问题,及时予以纠正规范。每年至少约谈排名靠后的县一次,被约谈的县当年不能参与评优评先。

(一)约谈通报类型

1. 改厕模式选择不合理,没有因地制宜按照宁夏主推技术模式进行改厕,以及发放生态马桶或建设各类型旱厕的情况;

2. 质量把关不严、质量不高,验收合格率低于80%的县,实际中大量存在厕屋选址不当、配套设施不健全、运营维护不到位,以及水电未通、厕屋简陋、便器未安装、化粪池塌陷变形破裂等问题的情况;

3. 改厕进度迟缓、数字改厕的问题,影响全区改厕任务完成的情况;

4. 项目资金挪作他用、使用不规范、支付不及时等资金使用问题的情况；

5. 对督导、检查、验收、摸排中已经发现的问题拒不整改或整改不到位、不及时的情况；

6. 群众满意度低、使用率低的情况。

(二)管理成效

2019—2020年全区共有5个县(市、区)被约谈,4个县(市、区)被通报批评,5个县(市、区)被下发整改通知书。其中:原州区、利通区因改厕工作进度缓慢、厕所质量把关不严、运营维护相对滞后被下发整改通知;红寺堡因改厕任务未完成、厕所质量把关不严和县、乡两级验收标准不高被下发整改通知;原州区因美丽村庄项目配套建设的农村户厕不合格被下发督办函;沙坡头区因改厕任务未完成、改厕合格率低、防冻措施不到位等原因被约谈通报。被约谈、通报的县(市、区)能够提高政治站位,增强责任感、紧迫感和使命感,积极落实整改要求,确保所有问题及时整改到位。通过实施约谈通报制,宁夏农村户厕改造建设任务完成率、合格率、使用率、满意率得到进一步提升,"建一个、成一个、用一个"的总目标得到进一步巩固,有效推进了宁夏农村人居环境整治和"厕所革命"整体工作。

案例:2021年2月,宁夏人居办在红寺堡区调研的过程中发现红寺堡镇弘德村、同原村、团结村农村户厕存在严重问题,人居办立即派检查组赶赴现场实地核查,发现红寺堡区存在着改厕任务未完成,厕所质量把关不严,县、乡两级验收标准不高等问题。针对发现的问题,宁夏人居办及时下发整改通知,责令红寺堡区立即进行整改,同时加强农村厕所后期运维服务,将厕所须知张贴上墙,让每个农户会用、敢用。整改通知下发后,红寺堡区能切实提高政治站位,聚焦红寺堡镇改厕问题,对农村改厕问题进行全面摸排,对未验收的户厕和验收标准不高的户厕及时组织复验,强化改厕质量监管,并于2021年5月底完成了问题户厕整改。

八、施工监理制

施工监管是确保农村改厕质量的有效措施,宁夏针对以往改厕过程中容易出现三格式化粪池变形、隔板串水以及施工不规范等突出问题,按照政府采购的相关要求,宁夏和各县(市、区)通过公开招标方式引入第三方监理机构,对全区农村户厕改造全过程进行常态化监管。

(一)监理方式

宁夏第三方监理机构在全区 22 个县(市、区)各派驻至少 1 名工程监理员,按照国家和宁夏制定的相关质量标准和技术要求,对 2019 年和 2020 年农村户厕改造任务进行全过程常态化监理监管,抽查样本做到所有乡镇、所有建设模式、所有改厕产品、所有施工企业(工程队)全覆盖,并对年度任务,按照不低于 10%的比例进行抽查验收和完成监理评估报告。各县(市、区)招标的监理机构对所辖区域农村厕所建设按照宁夏的建设标准和要求进行监管。通过自治区级和县级招标的监理机构的常态化监管,弥补了宁夏农村厕所改造监管力量的不足,确保了农村户厕改造质量和进度双达标,为"建一个、成一个、用一个"的目标提供了可靠保障。

(二)监理职责

1. 监理人员在现场监理巡查过程中,对发现的不合格产品或不规范施工情况,应及时向当地农业农村局和施工企业出具整改通知书。

2. 改厕任务完成后,按县域分年度进行抽查验收,根据抽查验收结果对各县(市、区)农村户厕改造完成情况进行综合评估,并提交全程质量监理档案、年度报告、监督管理情况报告和绩效目标完成情况评估验收报告等。

通过该项举措的实施,对宁夏各地厕所改造质量和进度进行双把控,做到了时时监管,有效指导,问题在一线解决。

九、分级验收制

检查验收是保障改厕质量的最后一道关口。为确保宁夏农村厕所改造建设验收的效果,宁夏农业农村厅制定了《宁夏回族自治区农村厕所改造项目考核验收办法》,建立了乡镇初验、县级自验、市级核验、自治区抽验的分级验收制,把农村改厕技术规范和标准贯穿在检查验收的全过程,以农户满意不满意作为最终评判标准,切实推进农村厕所改造工作落实落细。

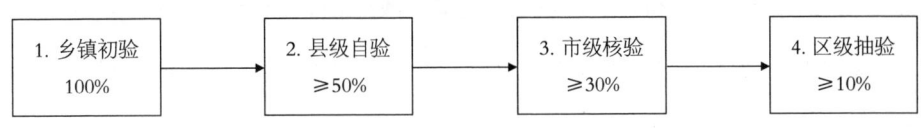

图 2-5 分级验收流程

(一)验收原则

验收严格按照《宁夏回族自治区农村厕所改造项目考核验收办法》进行,坚持实事求是、把好事办好的原则。

验收禁止弄虚作假、欺上瞒下、走过场。对改厕质量和使用效果达不到规范要求的,责令限期整改;对弄虚作假,或在验收中发现骗取、截留、挪用、挤占奖补资金的,按有关规定追究相关人员责任。

严格落实乡镇和县(市、区)逐村逐户检查验收,地级市和自治区按照抽验比例进行抽查验收,抽验要做到所有乡镇行政村、改厕模式、产品类型、施工企业全覆盖;分级验收不替代、不合并、不走过场、不打折扣;对群众不满意不接受、冬季无法正常使用、厕屋选址不当、化粪池壁厚不达标和化粪池串水、漏水的户厕实行一票否决。

(二)验收程序

1. 乡镇初验

由乡镇相关工作人员、村委会负责人组成验收小组进行自查,对完成改厕的农户进行逐一检查,登记造册后上报县级主管部门,乡村初验须做到100%

入户。

2. 县级自验

由各县组织农业农村、财政、卫健、住建、生态环境、审计等部门组成的县级验收组,按照考核验收标准对完工的改厕项目逐户验收、登记造册,建立改厕农户电子档案,将书面报告报市农业农村局,县级验收不少于任务完成数的50%。具体做法:在厕所建设施工结束后,由各县(市、区)组织第三方或相关专家及群众代表逐户进行竣工验收,验收围绕改厕模式选择、产品质量、施工质量、安装规范、安全防护、环保要求、农户使用效果和满意度等方面逐村逐户验收,登记造册,建立档案,验收要有验收人员签字,还要有农户使用效果和满意度签字。对家中无人无法确定的农户,要电话联系,进行二次入户验收,具体甄别,防止"数字改厕"。冬季不能正常使用的为不合格。对于质量不合格、农户不满意的,不能通过验收,并责令限期整改;对于弄虚作假、欺上瞒下,追责问责、追偿处罚。验收未通过的,不拨付财政奖补资金。

3. 市级核验

由各市组织农业农村、财政、卫健、住建、生态环境、审计等部门组成核查组,对各县(市、区)农村改厕任务完成情况进行全面复核验收,核查重点为各县(市、区)的各乡镇自查验收报告、组织机构设置、出台政策、招标文件、采购合同、技术培训、改厕农户花名册、逐户验收表、资金拨付、归档材料等内容,同时,开展现场抽查,抽查比例不低于30%,并将核查报告报宁夏农业农村厅。

4. 区级抽验

由宁夏农业农村厅组织核查组,对各县(市、区)农村改厕任务完成情况进行全面抽查验收,重点检查各县(市、区)的改厕农户花名册、逐户验收表、县级验收报告、组织机构设置、出台政策、招标文件、采购合同、技术培训、资金拨付、归档材料等内容,同时,按照一定比例对各县(市、区)当年完工的改厕任务进行现场抽查复核,抽查数量不少于各县(市、区)改厕任务总数的10%。区级验收时间选择在冬季最冷的 12 月和 1 月份(-20℃气温条件下),以检验改造的农村户厕一年四季都能够正常使用。

图 2-6　自治区对农村户厕改造情况进行抽查验收

图 2-7　农业农村厅领导检查农村户厕改建情况

(三)取得的效果

2019—2020年,自治区级共抽查验收了农村户厕2.5万座,发现各地户厕改造中存在着选址不规范、厕屋未建成、马桶未安装、化粪池串水漏水、水电未通、后期维护不到位等问题,对区级抽查验收发现的问题及时向22个县(市、区)反馈问题清单44份,并提出具体整改意见。通过实施分级验收制,宁夏农村户厕改造建设合格率普遍提高到90%以上,农民对改厕的认可度和满意度达99%以上。

案例: 2022年1月,自治区验收组对沙坡头区2021年改厕任务完成情况进行抽查验收时,发现沙坡头区改厕问题较多。一是对"厕所革命"的认识高度不够,没有结合农民的具体情况,建成大量无厕屋、无马桶户厕。二是对改厕工作不负责,乡镇对辖区内的改厕任务是否完成、质量是否合格等工作不用心、不入脑,部分乡镇把关不严,没有开展自检自验,有些未建管网只给老百姓门前建了一个沉淀池,有些农户长期无人居住也给建了厕所,甚至出现马桶露天安装的情况。三是改厕合格率低,自治区验收组对县级验收合格的1 876户进行抽验,合格率为89.1%,对县级验收"无人"定为不合格的1 119户,入户核查了925户,合格率为37.1%。四是防冻措施不到位。部分户厕没有防冻措施,造成冬季上水结冰或马桶冻裂,户厕不能正常使用。针对沙坡头区改厕存在的问题,宁夏人居办及时向沙坡头区委、区政府及改善农村人居环境工作领导小组反馈整改意见,并提出具体整改要求。一是要进一步提高政治站位,深刻领会习近平总书记关于农村"厕所革命"的一系列重要指示批示精神,始终坚持好字当头,质量优先,严把选型关、施工关、验收关,把农村"厕所革命"这项民生工程抓好抓实。二是立即成立农村户厕问题摸排整改领导小组,对2019年以来建设的农村户厕进行全面摸排,列出问题清单,制订整改方案,确保整改到位。三是对2021年年未完成的改厕任务,限期保质保量完成,并报宁夏人居办进行核查。整改通知下发后,沙坡头区委和区政府高度重视,针对反馈问题进行深刻检视,并立即成立工作专班,深入研究反馈问题,坚持问题导向、目标导向,同时举一反三、全面盘点,扎实推进专项检查情况反馈问题整改。截至2022年4月20日,沙坡头区问题厕所整改结束,向宁夏人居办申请复验。

第二节　运维管理制度

厕所的管理与维护贯穿于农村户厕建设的全过程,是科学有序推进农村改厕的重要环节,是巩固农村改厕成果保证长期发挥效益和可持续发展的主要保障。只有常抓不懈,循序渐进,久久为功,真正落实科学规划、标准设计、规范施工、长效管护,农村户厕的规范化建设和管理才能更上一层楼。

宁夏坚持建管并重,构建长效运行机制,把建立农村厕所粪污处理长效管护机制作为农村"厕所革命"的重要内容,充分发挥村级组织和农民主体作用,运用市场经济手段,采取政府购买服务等方式,创新机制,积极探索适合本地特色的长效运维管护模式,探索形成了报修投诉制、第三方运营制等政府引导与市场运作相结合的后续运行管护机制,做到有制度管护、有资金维护、有人员看护,引导当地农民组建社会化、专业化、职业化服务队伍,参与厕所运行管护工作,切实改变"有人建没人管,卫生厕所不卫生"的现象,确保改好一个,用好一个,巩固一个。

一、报修投诉制

为进一步提升农村人居环境,巩固农村改厕成果,贯彻落实《农村人居环境整治三年行动方案》《关于推进农村"厕所革命"专项行动的指导意见》等文件精神,主动公开运维电话,接受社会监督,积极回应解决群众反映和关心的问题,在完成户厕改造建设的基础上实行报修投诉制。

（一）主要做法

1. 张贴改造厕所标识牌

为方便已改厕所后期报修维护使用,厕所建成后,在所有农村卫生厕所墙上张贴改造标识牌,上面印有厕所改造编号、卫生厕所使用维护须知、维修服务与举报投诉电话,群众可按照使用维护须知进行日常使用和维护,确保厕所的正常使用。

2. 设立公开监督电话

建立问题投诉平台,明确厕所管护标准,将农村改厕问题投诉举报方式予以公布,发动群众监督,对厕所建设、运营维护等方面存在的问题均可进行举报投诉,做到人人可参与、人人可监督、人人可评价,形成共建共治共享的良好局面。

3. 建立管护制度

制定户厕维护管理责任制度,加强日常维护管理工作,各地在农村改厕招标过程中,与中标企业签订建成后的运营维护协议,明确运营维护服务责任,发现故障及时进行维修,保障相关配件的供给与及时维修,保证设施的完好及正常使用。对在保修期内的户厕配套设施进行免费更换和维修,超出保修期的维护需农户承担相应的配件和维修费,同时政府拿出一定的资金对后期维修进行补贴,降低农户维修成本。

4. 组建专业运维队伍

制定运维管护制度,在乡、村两级建立农村厕所运维管护服务队伍,落实服务标准、服务要求、服务时限、收费标准等,定期对辖区内户厕使用、维护、粪污处理等情况进行巡查,对发现的问题及时进行报修维护。

（二）在线监督:建立在线咨询投诉平台

在宁夏农业农村微信公众号中设置全区农村人居环境问题随手拍专栏,对群众身边存在的农村人居环境整治和农村户厕改造方面的问题,可以直接拍成图片或者视频进行上传反映,并留下联系方式和具体地址等有效信息,收到信息后,相关部门会及时反馈给问题地区主管部门,督促地方进行核实整改。对农村户厕改造方面的政策及技术问题,都可以进行咨询,相关部门对咨询情况及时进行答复。

二、第三方运营制

农村改厕工作一直存在着重建设轻管理,后续管理与服务不能及时跟上的问题。由于农村市场化管理机制尚未建立,户厕改造完成后,管护维修、定期收运、粪渣资源利用等后续管护工作不够完善,影响了无害化厕所的推进工作。同时,农户受传统观念和用厕习惯影响,对室内如厕和使用马桶不容易接受,不愿承担厕所改建、水电消耗和粪污处理产生的各类费用,不按要求使用的现象比较普遍。

宁夏坚持建管并重,对已经完成改厕的地区,把工作重点由"建"转到"管"上,采取政府补助、市场运作方式,通过购买服务、企业承包等多种形式,引入第三方公司参与运营维护,承担厕所粪污抽取、运输、处理和处理中心运营维护,农户厕具维修服务,让专业的人干专业的事,切实解决厕所粪污收集、储存运输、资源化利用等问题,形成建、管并重的长效机制。

各市、县(区)在农村厕所改厕招标过程中,积极与中标企业签订建成后的运营维护协议,明确运营维护服务责任,农村公厕明确管理责任主体,做到定期清扫、清理和巡查,发现故障及时维修。积极培育社会化、专业化、市场化维修服务力量,建立管护服务制度,定期清掏、定期检查,确保厕所正常使用。采取培训、广播、电视、发放明白纸等群众喜闻乐见的形式,普及农村无害化卫生厕所知识,引导农民养成文明如厕习惯,指导农民冬季采取保暖措施,避免水管冻结、设施冻坏,正确使用卫生厕所。

案例:中卫市中宁县采取特许经营确定宁夏环保集团中宁环境科技有限

公司为全县卫生厕所运营维护主体,负责全县卫生厕所投融资、设计、建设、运营维护,约定特许经营期30年,总投资2.58亿元(其中:政府投资补助0.8亿元,运营企业自筹1.78亿元),2021年开始投入试运行,基本构建起县—乡—村三级农村卫生厕所网格化运营管护体系,实现了财政负担减轻、工程质量保障、群众满意度提升目的。及时研发"农村污水清运APP",设置农户端、调度端、司机端、平台端四大模块,设立24 h服务专线,配齐专业维修队伍,方便农户通过电话、公众号、手机APP反馈提交清运、维修申请。

通过"互联网+厕所维护",从厕改建设到厕所后期管护,再到污水清运,实现厕改全流程管控,厕改管理规范化、整体化、资源化和智能化水平进一步提升,厕具坏了有人修、粪污满了有人掏、资源化处置有出处的目标基本实现。2019年12月以来,运维企业已购置吸污车5辆、巡检维修车2辆,累计出车1 354次,行驶里程62 092.51 km,清运粪污9 387.38 t,有效保障了农户需求。同时,中宁县健全完善乡镇污水收集处理管理平台,重点以污水管网地理信息系统为基础,整合农村污水处理站数据、通信、网络等资源,配备生产运营服务等功能,实现5座乡镇污水处理厂与数据采集系统、生产运营管理、设备运维管理、GIS地图、手机移动APP和数据库互联互通,信息数字化展现、动态交互。县农业农村局强化督查指导,牵头制定考核办法、评分细则,促使运维体系高效运行,有力提升了农村改厕后续管护质量和粪污资源化利用率,促进农业面源污染有效防治,人居环境有效提升,得到群众"点赞"。

三、村集体运营制

"厕所革命"农民群众是受益者,更是主要参与者。宁夏坚持群众主体作用,采取多种方法,积极鼓励引导农民群众参与到农村改厕中,充分利用广播、电视、横幅、标语、倡议书等多种形式,加强宣传教育,普及厕所日常管护、卫生防疫知识,转变群众的思想观念,进而促使他们改变多年形成的不良卫生习惯，让卫生厕所走进千家万户。鼓励村干部率先示范新技术、新模式，通过现场看、现场试，引导农民主动投工投劳，积极参与改厕工作。通过抓宣传，抓示范，转思想，转观念，农民群众由过去"要我改"的思想观念转变为"我要改"，切实提高农民群众改厕的积极性和主动性。

在农村户厕建设几种模式中，厕所后续管护主要集中在三格化粪池户厕模式上，各地积极探索由政府统一购置吸粪车，村集体自行运作，定期到农户家抽取粪液，并向农户收取一定费用的管护机制，并为使用三格式化粪池的大部分农户配备了吸污泵，个别乡镇整村配备吸污泵，对抽取的粪污（清掏的粪渣）主要采用就近就地还田的方式，实现已改农村户厕粪污（粪渣）的无害化处理和资源化利用。

第三章　运维管理

农村厕所革命,粪污治理是关键,无害化处理是重点。为了把好事办好、实事办实,不但要建好农村厕所,更要用好粪污资源,解决好粪污无害化处理和资源化利用,防止资源浪费或再次污染环境。

第一节　农村厕所粪污的特点

一、基本概念

(一)农村厕所粪污

农村厕所粪污一般分为两类,一类是水冲厕所产生的人粪尿和冲厕水混合物,另一类是旱厕产生的人粪尿。

(二)农村生活污水

农村生活污水指农村地区居民生活所产生的污水,主要来源于冲厕、做饭、洗衣、洗浴、清扫等生活所产生的污水,一般分为黑水和灰水两类。黑水即厕所粪污,是水冲厕所产生的人粪尿和冲厕水的混合物。灰水主要指厨房、洗涤和洗浴等排放的污水,其中厨房产生的污水包括淘米洗菜水、洗锅水等,洗涤和洗浴产生的污水包括洗漱、洗澡、洗衣、拖地等生活排水。

(三)农村厕所粪污与生活污水的关系

农村生活污水是厕所粪污、厨房、洗涤、洗浴等排水的总称,其中农村厕所粪污是农村生活污水的重要组成部分。农村生活污水中大部分氮、磷、化学需氧量（COD）来源于农村厕所粪污，可生化性强，适合采用生物处理工艺进行净化。因此，可充分利用厕所粪污调节生活污水处理需要的适宜碳氮比，统筹推进农村厕所粪污与其他生活污水协同治理，因地制宜推进厕所粪污分散处理、集中处理或接污水管网统一处理等模式，实行"分户改造、集中处理"与单户分散处理相结合，鼓励联户、联村、村镇改厕改污一体化治理。

（四）农村厕所粪污处理

农村厕所粪污处理指通过厌氧发酵、高温堆肥、微生物强化处理、干化焚烧、热解炭化或与生活污水协同处理等技术过程，消减或杀灭农村厕所粪污中的致病菌、病毒、寄生虫卵等病原体，控制蚊蝇孳生，防止恶臭扩散。

（五）农村厕所粪污资源化利用

农村厕所粪污资源化利用指通过堆肥、厌氧消化及与生活污水同步处理等技术过程，实现农村厕所粪污肥料化、基质化、能源化利用。推动资源化产品在农业生产、农村生活、生态环境、景观绿化及其他领域的循环利用，可减少生态环境污染，促进农业农村绿色发展。

（六）农村厕所粪污处理与资源化利用的关系

农村厕所粪污处理达到无害化要求是进行后续资源化利用的前提条件。只有粪污经过无害化处理后，才能消除潜在环境污染与疾病传播风险，从而安全、可靠地施肥利用或出水回用。

二、农村厕所粪污等生活污水的特点

（一）水量

水量包括农村居民生活用水量和排放量两部分。农村居民生活用水量受给水系统、卫生器具完善程度、水资源利用方式等生活条件状况以及农民生活习惯、生活水平和季节等因素影响，通常变化较大。确定用水量应综合考虑当地居民用水条件、经济条件、用水习惯、发展潜力等实际情况。在不便于调查数据的情况下,用水量取值可参考表3-1估算。

表3-1 农村居民日用水量参考取值

单位:L/(人·d)

村庄类型		
经济条件好,室内卫生设施齐全	经济条件较好,室内卫生设施齐全	经济条件一般,有简单卫生设施
75~145	50~90	30~60

资料来源:住房和城乡建设部,《分地区农村生活污水处理技术指南》(建村〔2010〕149号)。

随着城乡一体化建设的持续推进,农民生活水平不断提高,农村生活污水排放总量也呈现增长趋势,且具有排放分散性强、特定时间段排放量较大的特点。农户人均生活污水排放量不仅与农户用水习惯有关,也与其收入水平有一定关系。农民收入水平越高,人均生活污水排放量越大。准确判断农户的人均生活污水排放量,需要根据不同区域实地调查结果确定。

在居住较为集中、卫生设施与排水管网相对完善的村庄,排放量一般占总用水量的75%~90%,洗浴、冲厕、洗涤和厨房等生活污水排放量可采用经验法计算。比如,洗浴和冲厕排水量可按相应用水量的60%~80%计算,洗涤排水量可按相应用水量的70%计算,厨房排水量可按相应用水量的60%计算。在估算条件不足的地区,可根据《农村生活污水处理项目建设与投资指南》(环发〔2013〕130号)粗略估算。比如,对于人口不足5 000人的村庄,每天人均生活污水排放量可按35~80 L估算;对于人口在5 000~10 000人的村庄,每天人均生活污水排放量可按70~125 L估算。

(二)水质

农村生活污水的水质与当地经济条件、生活习惯、季节变化以及气候因素等密切相关。主要污染物包括化学需氧量(COD)、氮(N)、磷(P)、悬浮物(SS)

及病原菌等。据测算,厕所粪污产生量约占生活污水总量的1/4,但污染物浓度极高,总磷、总氮、化学需氧量占全部生活污水含量的80%、86%、58%,基本不含农药、重金属等有毒有害物质,可生化性好。

第二节 粪污处理方法

一、处理方式

农村厕所粪污处理要立足当地经济发展水平和基础条件,因地制宜选择处理方式。主要有厕所粪污与其他生活污水分离处理和协同处理两种方式。

(一)厕所粪污与其他生活污水分离处理

厕所粪污与其他生活污水分离处理是指分别收集厕所粪污与洗浴洗涤等其他生活污水单独处理。能更好地实现粪污资源化利用,在达到无害化处理效果的同时,也能解决厕所粪污污染环境和病原体传播问题,同时,分离处理可简化生活污水处理工艺,降低建设和运行成本。

(二)厕所粪污与其他生活污水协同处理

厕所粪污与其他生活污水协同处理是指将农村厕所粪污与洗浴洗涤等其他生活污水纳入一套系统,同步处理。常见的处理方式有采用一体化设施设备处理或利用管网收集后输送至污水处理厂处理。

二、处理技术工艺

(一)厕所粪污单独处理(三格式化粪池)

三格式化粪池是一种常规的厕所粪污处理设施,一般由三个池体组成,各池之间通过过粪管相连。按照建设规模,主要分为水冲式户厕的小三格化粪池和集中处理的大三格化粪池。按建造材料,分为砖砌式、砼预制式、现场浇筑式、塑料一体化成品等。该设施进行粪污无害化处理时第一池对新鲜粪便进行沉淀和初步发酵,通过厌氧消化,降解有机物、灭杀致病菌和虫卵等病原体;第二池继续对粪液进行深度厌氧发酵,灭杀残留的致病菌和虫卵等病原体;第三池用于存储发酵腐熟的粪液。为了达到无害化处理的目标,厕所粪污在第一池停留时间不少于 20 d、第二池不少于 10 d、第三池不少于 30 d 后,处理后第三格的粪污可清掏就地就近就农资源化利用。

三格式化粪池具有结构简单、易施工、造价低、无能耗、运行费用低、维护管理简便、无害化效果好、肥效高等优点。但三格式化粪池需定期清理粪渣粪液、出水不能直接排放、受温度和水资源条件限制,在安装时要注意埋深在冻土层以下,在宁夏中部干旱带及南部山区等缺水地区建议用微水防冻三格式化粪池。(详见第一章第五节)

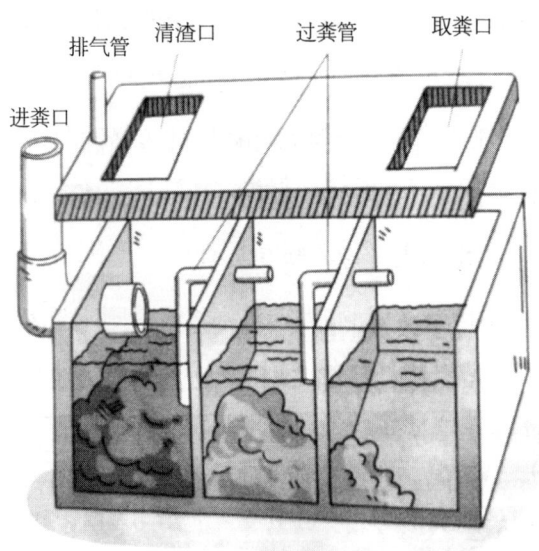

图 3-1 三格化粪池剖面示意图

在设计建造方面,三格式化粪池有效容积是决定粪便无害化的关键因素,应根据使用人数、冲水量、粪污停留时间及清掏周期综合确定有效容积,一般情况下有效容积不要小于 2.0 m³(见表 3-2)。为保证化粪池容量和构造合理,应严格按照建设标准执行,第一、第二、第三池容积比原则上按 2:1:3 进行建造。建议采用高效节水型卫生洁具,每次冲水量不超过 2 L,禁止将洗浴、洗涤水和其他生活污水排入化粪池。

表 3-2 三格化粪池有效容积

项目	单户			小集中
使用人数/人	≤3	4~6	7~9	按照纳入人数测算,每人不小于 0.5 m³
有效容积设置/m³	≥2.0	2.5	3.0	

在使用维护及安全使用方面,三格式化粪池的运行管理可参照《农村三格式户厕运行维护规范》(GB/T 38837—2020)。化粪池的日常维护检查包括化粪池的水量控制、防漏、防臭、清理杂物、清理池渣等工作。要定期检查化粪池的防渗情况,避免粪液渗漏污染地下水和周边环境;检查化粪池的密封性能,注意池盖是否盖好,防止池内恶臭气体溢出;化粪池运行 1~3 年,应对化粪池池渣进行清理;在清渣或抽粪时,不得在周围吸烟、燃放烟花爆竹或使用明火,以防发生爆炸;严禁直接从第一或第二池内抽取粪液,必须从第三池抽取等。

(二)厕所粪污与其他生活污水协同处理

协同处理是将粪尿、冲厕水和厨房、洗浴、洗涤等其他生活污水混合收集、一并进行处理的方式。主要采用生物处理、生态处理、生物生态组合处理,以及一体化处理装置处理。这些方式主要用于深度处理生活污水或高浓度污水,对一般的农村生活污水或厕所污水,我们主张腐熟还田资源化利用。下面就各类深度处理方式简要介绍。

1. 生物处理

生物处理是利用微生物的代谢分解和吸收作用除去污水中氮、磷及有机污染物的技术。根据微生物对氧的需求不同,一般分为厌氧和好氧处理。

(1)厌氧生物处理:利用缺氧条件下厌氧或兼氧微生物的代谢活动,降解转化污水中有机污染物的方法。这种处理方法,降解有机污染物效率高、能耗低、污泥产生量相对较少,但对温度、pH等环境因素要求高。

(2)好氧生物处理:利用好氧微生物的代谢活动降解转化有机污染物的方法。这种处理方法反应速度快、处理效率高、处理过程散发臭气较少,但需要设置曝气装置,运行费用相对较高,对管理要求也较高。总体上说,生物处理技术占地面积小、成本低、出水水质好,可再生回收价值高,但运行费用、管理要求较高。常用的生物处理技术主要有生物接触氧化法、膜生物反应器法(MBR)、序批式活性污泥法(SBR)、厌氧生物滤池法、厌氧-缺氧-好氧法(A^2O)等。

2. 生态处理

生态处理是主要依靠自然环境中的微生物、植物以及土壤构建的自然生态体系,经过滤、吸收和分解作用净化污水的处理技术。常用的有人工湿地、稳定塘、土地处理系统等。总体上说,生态处理方法工艺简单、投入较低、能耗低、运行管理方便,但占地面积大、易受气候条件影响,出水水质受季节变化大,达标排放稳定性较差。

(1)人工湿地。这是一种通过人工设计、改造而成的半生态型污水处理系统,主要由土壤基质、水生植物和微生物三部分组成。总体看,人工湿地基建投资和运行费用低,维护管理简便,水力负荷远高于天然湿地,对氮、磷和难降解有机物具有较好的处理效果,湿地植物有一定的经济价值和景观功能。不足之处是污染负荷低,占地面积大,设计不当容易堵塞,净化效果受气候和植物生长影响大。此外,易滋生蚊蝇,处理不当易造成二次污染。该技术不仅可以治理农村生活污水、保护水环境,而且可以美化环境,节约水资源,但适合在资金短缺、土地面积相对丰富的农村地区应用。

(2)稳定塘。稳定塘也称氧化塘或生物塘,是利用天然水体中的微生物、藻类对生活污水进行好氧、厌氧生物处理的天然或人工池塘。通过生物自净作用,在自然条件下完成生活污水的生物处理,可作为农村生活污水处理的深度处理技术。稳定塘有多种类型,按照塘的使用功能、塘内生物种类、供氧途径进行划分,一般可分为好氧塘、兼性塘、厌氧塘、曝气塘和生态塘。生态塘(深度处理塘)适用进水污染物浓度低的深度处理,塘中可种植芦苇、茭白等水生植物,以提高污水处理能力。

稳定塘能充分利用地形,结构简单、建设费用低、处理成本低,操作管理相对容易,不仅具有较好的有机污染物去除效果,还有去除氮磷、病原菌、重金属等效果。不足之处是占地面积大,处理效率相对较低,处理效果受季节条件影响大,可能产生臭味及滋生蚊蝇,不宜建设在居住区附近。该技术适用于资金短缺、土地面积相对丰富的农村地区,用于处理中低浓度的生活污水。实践中可考虑采用村内现有坑塘和洼地、荒地、废地、劣质地等,降低建设成本。

3. 生物生态组合处理

生物生态组合处理是生物处理技术与生态处理的综合运用。生物处理主要是去除一部分有机污染物,生态处理是对前序单元出水进行进一步的脱氮除磷。单一的生物或生态处理技术各有优缺点及适用范围。生物处理技术成本较高而生态处理技术占地面积大,且人工湿地系统、稳定塘处理系统等生态处理技术易发生堵塞。一般情况下,使用单项的生物或生态处理技术处理,往往不易达到理想效果,但将多项生物或生态处理多级组合,优势互补,可大幅提高处理效能,同时增强处理系统出水水质的稳定性。

生物生态组合处理工艺前段的生物处理降低了污染负荷,使得后段生态处理单元设计占地面积减小,进水负荷降低,除磷脱氮效果增强,出水水质稳定;但后段生态处理同样存在易受气候条件影响,出水水质随季节变化的缺陷。采用前段生物处理和后段生态处理相结合的工艺组合灵活多样,可衍生出多种组合处理工艺。处理组合工艺可根据进出水质、排放要求及经济指标选择。

生物生态组合处理工艺有多种类型。用于治理厕所粪污等生活污水时,无需生物处理单元设计除磷脱氮功能,简化处理工艺,降低建设成本,经过生物

表 3-3 农村厕所粪污处理推荐生物生态组合工艺

序号	工艺组合	适用性与排放指标
1	预处理+人工湿地	分散型污水处理 污水有机负荷较低 污水排放 COD≤100 mg/L，BOD_5≤30 mg/L，TP≤3 mg/L
2	预处理+砂壤土快速渗滤	
3	预处理+兼性塘	
4	预处理+厌氧生物滤池+兼性塘	分散型污水处理 污水有机负荷较低 污水排放 COD≤60 mg/L，BOD_5≤20 mg/L，TN≤20 mg/L，TP≤1 mg/L
5	预处理+厌氧生物滤池+人工湿地	
6	预处理+厌氧生物滤池+土地快速渗滤	
7	预处理+生物接触氧化+好氧塘	集中型污水处理 污水有机负荷较低 污水排放 COD≤50 mg/L，BOD_5≤10 mg/L，TN≤15 mg/L，TP≤0.5 mg/L
8	预处理+生物接触氧化+人工湿地	
9	预处理+生物接触氧化+土地处理系统	
10	预处理+A^2O+人工湿地	

处理技术处理后进入生态处理系统的污水有机负荷减小，既可达到出水水质要求，又可节省设施占地面积。

4. 一体化处理

一体化处理技术集成化程度高、结构紧凑、处理效果好、占地面积小、使用简便，适用于分散农户的厕所粪污等生活污水的处理。根据结构及采用的工艺不同，主要有净化槽、A/O 一体化处理装置、MBR 一体化处理装置、A^3O 移动床生物膜反应器、PE 组合式固定床生物膜处理设备等类型。

净化槽主要用于分散处理，主体处理流程包括沉淀、接触氧化、消毒等，日处理规模在 1~30 m³/d，处理达标后可排放。

PE 组合式固定床生物膜处理设施主体采用生物接触氧化工艺，并采用间歇式微孔曝气系统。设备共包括预处理罐、高负荷反应罐、低负荷反应罐、内回流罐和沉淀罐 5 个罐体。该技术去除有机物效率高，脱氮效果好，整体投资运行成本低，抗冲击负荷强，运行稳定，处理规模 30~500 m³/d。适用于分散式或集中式处理。

三、处理模式

农村厕所粪污处理根据村庄人口、地形地貌和地质特点,住宅分布情况,可采用集中处理或分散处理的模式,厕所粪污单独处理,或与厨房、洗涤、洗浴等其他社会污水混合处理,按处理规模可分为单户或联户模式,整村或联村模式和连片集中整县处理模式。

(一)单户或联户模式

对于厕所粪污不易集中收集处理的分散性农户,可采用三格式化粪池对厕所粪污进行处理。主要模式有以下几种。

1. 水冲厕所+三格式化粪池

该模式简单易行,无害化处理效果好,在宁夏农村改厕过程中广泛应用。厕所粪污经三格式化粪池无害化处理后,可抽取第三格出水用于农田施肥,但由于出水中COD、氮、磷浓度较高,一般可稀释后用于果园或农田使用。该模式适合单户、联户修建三格式化粪池。

图3-2　三格式化粪池处理模式工艺流程图

2. 水冲厕所+化粪池+人工湿地或土地利用

该模式在化粪池处理基础上发展而来,灵活运用了生物生态组合处理技术。通过增加生态处理单元,进一步提高了出水水质。厕所粪污经无害化处理后,粪液与生活污水混合后一并汇入土地处理系统或人工湿地处理,出水可用于农户庭院内外的小菜园、小花园、小果园和绿地等浇灌,该模式工艺简单、投资和运行费用低、管理方便、处理后的水可就地就近资源化利用,是一种非常实用的厕所粪污分散处理利用技术模式。适用于单户、联户厕所粪污处理,人工湿地可与三格式化粪池自由组合。使用过程中,若化粪池出水浓度较高,宜在生态单元前增设生物处理单元,如厌氧生物处理单元,以降低生态处理单元的进水负荷。

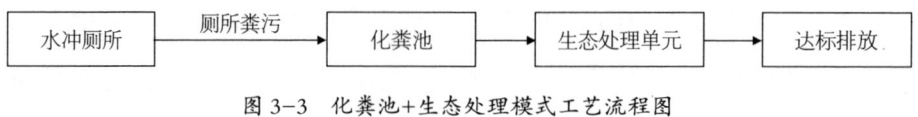

图 3-3　化粪池+生态处理模式工艺流程图

3. 水冲厕所、生活污水+一体化处理装置

针对居住相对分散的单户或多户设计使用,厕所粪污与厨房、洗漱、洗澡等其他生活污水一并进入一体化处理装置进行处理,污水净化后达标排放,或作为绿化灌溉水利用。该模式建设成本高于三格式化粪池,低于集中铺设管网,占地面积小,运行维护比较简便,出水水质好。适用于不具备管网铺设条件、环境敏感度高、有较高达标排放要求的中小村庄,或虽有村庄集中污水收集管网但难以覆盖到的零散农户居住区。农家乐、民宿和农村公共厕所等可参照该模式。

(二)整村或联村模式

整村或联村模式主要应用于人口相对较多且集中分布、距离城镇较远的村庄,以整村或联村为单位,利用抽粪车或铺设排污管道统一集中收集厕所粪污等生活污水,在污水处理站混合处理,出水可用于灌溉或景观用水;或单独收集厕所粪污,在粪污集中处理站进行处理,产生的固体肥和液体肥可用于农田。

1. 水冲厕所+户用沉淀池+大三格式化粪池

利用抽粪车或污水管道将厕所粪污收集到村级三格式化粪池或改进型大三格式化粪池,处理后可抽取第三格的粪液还田利用。该模式具有结构简单、易于施工、造价低、维护管理简便、无能耗、卫生效果好等优点。为增强厕所粪污等生活污水的处理效果,也可在三格式化粪池末端增加生态处理单元,用于粪液的进一步净化。

图 3-4　整村大三格化粪池处理模式流程图

2. 水冲厕所+户用沉淀池+污水收集管网/抽粪车+粪污集中处理站+灌溉/达标排放

农户厕所粪污进入沉淀池预处理后，与生活污水一起经管网收集进入污水处理站进行集中处理。处理后的水达标排放或用于农业浇灌或生态用水。该模式选择的集中处理技术类型是影响建设和运行成本以及推广价值的关键。

图 3-5　整村污水处理站处理工艺流程图

3. 抽粪车+预处理点+有机肥厂

按照就近便捷的原则，在全县(市、区)规划建设多个粪污处理点。每个预处理点配套堆肥发酵厂棚、三级发酵过滤池、干湿分离机、抽粪车和干运输车、装载机等有机肥生产设施设备。从农户厕所抽来的粪污，就近运输至处理点，添加微生物菌剂进行发酵处理。处理后的半成品可用于生产有机肥料。该模式在资源化利用方面成效较高，具有较强的适用性和较高的推广价值。

第三节　资源化利用

农村"厕所革命"不仅要改变农村几千年的生活习惯，更要解决农村厕所粪污处置难、利用难的问题。因此，结合农村改厕与厕所粪污无害化处理，同步开展资源化利用具有重要意义。目前，农村厕所粪污资源化利用有多种方式，主要有肥料化、能源化利用等。从肥水资源再利用来看，对农村厕所粪污与生活污水进行简易无害化处理(堆沤或三格式化粪池腐熟)后,沼渣沼液直接用于农田或林地果园是最简单最经济的资源化利用方式,而对于一些特殊地域如水源保护地、较高要求的景观用地等,则需深度处理达到相关要求后,再用于农田、林地、果园、景观等场所,也是一种有效的资源化利用方式。

一、肥料化利用

肥料化利用是指利用微生物发酵处理农村厕所粪污,有控制地促进可被生物降解的有机物转化,实现厕所粪污的营养物质资源回收利用,主要有固态肥利用和液态肥利用两种方式。

(一)固态肥利用

固态肥利用主要是指通过堆肥或堆沤处理,将农村厕所粪污制成有机肥料施用于农业的方式,可有效解决农村旱厕粪污、水厕清掏的粪渣粪皮以及沼气池产生的沼渣等问题。另外,农村地区枯枝落叶较多,每年农业生产还会产生大量的作物秸秆,其含水率低、碳氮比高,用作堆肥或堆沤原料既可增加堆料的孔隙度与透气性,又可调节堆料碳氮比,与厕所粪污一同沤堆处理,效果更好,是农业农村废弃物综合处置的合理途径。

1. 堆肥

堆肥是一种利用微生物发酵生产有机肥料的过程,制成的有机肥料体积小、含水率低,便于运输和使用,对土壤具有较好的改良作用,可用于农业生产。堆肥方式主要有两种。

一是好氧堆肥。在通气条件下,借助好氧微生物活动促使粪污降解、腐熟转化生成有机肥料。好氧堆肥温度一般控制在 50~60℃,极限温度可达 90℃,可彻底灭杀粪便中的病原体和寄生虫卵,处理 5~7 d 就能达到腐熟效果。该技术投资小、操作简单、粪污降解彻底、腐熟时间短、处理过程臭气产生量少、无害化效率高、生产的有机肥料效果好。进行好氧堆肥时应注意有机物含量、含水率、温度、通风量、碳氮比等影响效果的因素。有机物含量控制在20%~80%为宜,有机质含量过低,发酵温度难以维持,肥效难以保证;有机质含量过高,易发生厌氧反应和产生臭气。含水率应保持在40%~65%,过高或过低都会降低发酵效果。温度是影响发酵微生物增殖的关键因素,温度过高(大于70℃)会抑制微生物存活,温度过低会延长腐熟时间。通风也是影响好氧堆肥效果的重要因素之一,通风供氧量高低直接影响发酵微生物活性、有机物分解速度、物料粒度大小。好氧堆肥初始碳氮比宜为15:1~30:1范围内,微生物降解利用有机物的效率较高,发酵时间较短。

二是兼性厌氧堆肥。在缺氧或无氧条件下,利用厌氧微生物发酵作用,将粪污转化为有机肥料的过程。堆肥过程中,大部分碳水化合物分解产生的能量转化贮存于甲烷中,一小部分碳水化合物氧化生成二氧化碳。厌氧堆肥按发酵温度可分为常温发酵(自然发酵)、中温发酵和高温发酵。常温发酵的主要特点是发酵温度随自然气温的四季变化规律而变化。中温发酵的温度控制恒定在28~38℃。高温发酵的温度控制在48~60℃,分解速度快,处理时间短,能有效杀灭致病菌、寄生虫(卵),但需加温和保温设备。该技术工艺简单、无需通风条件,但反应速率慢、堆肥周期较长。一般情况下,传统农家肥沤制采用的就是兼性厌氧堆肥法。在用于厕所粪污处理时,使用高温发酵工艺才能确保彻底无害化。

2. 利用模式

一种是单户利用。户用化粪池粪渣粪皮与畜禽粪污、有机生活垃圾、枯枝落叶等其他农村有机废弃物,一并堆肥或堆沤发酵制成有机肥料。制成的有机肥料富含氮、磷、钾等植物营养物质,既可在农作物种植前作为基肥使用,也可在农作物长势明显变弱时用作追肥。

另一种是集中利用模式。分片建设厕所粪污集中处理站,配备封闭式吸污车、干湿分离车或干粪运输车等抽取厕所粪污,就近运送至集中处理站,制成商品有机肥,用于生态农业种植。

(二)液态肥利用

根据采用的粪污处理技术不同,厕所粪污生产液态肥的原料主要来源于三格式化粪池第三格发酵液。

技术要求:农村厕所粪污经三格式化粪池处理,处理时间一般不少于60 d,处理后的粪液已经腐熟,其中的病原微生物和寄生虫卵已经基本被灭杀,可以抽取作为液肥使用。餐厨、洗涤和沐浴等生活污水不得进入三格式化粪池,否则应将尾水进一步处理。

厕所粪污液态肥利用方式根据规模可分为单户利用和集中利用两种模式。

1. 单户利用模式

单户利用模式主要是户厕粪污经三格式化池处理后的粪液可作为液态肥就地就近施用。该模式简便易行,粪污经无害化处理后,即可抽取第三格液体用于农田施肥。

2. 集中利用模式

农村户用厕所粪污、公共厕所粪污经过三格式化粪池处理后,利用吸粪车抽取移送到集中处理中心(乡镇或村粪污收集处理站)二次处理,生成的液态氮肥可用于农田和林地。

二、净化回用

当农村厕所粪污与其他生活污水协同处理时,出水达到再生水相关利用标准后,可用于生态补水、环境补水、地面冲洗、农田灌溉等方面。比如农村生活污水处理后达到《农田灌溉水质标准》(GB 5084—2021)规定的,可用于农田灌溉;达到《城市污水再生利用景观环境用水水质》(GB/T 25499—2010)规定的,可用于公园灌溉以及娱乐观赏湖泊的补充用水。

第四节　运维管理

农村户厕运维管理当中,厕所粪污处理与资源化利用是农村厕所革命的重要内容,事关改厕任务能否高质量完成。为实现农村改厕、粪污处理及资源化利用的无缝衔接,宁夏建立健全运管机制,加强长效运行管护,确保农村厕所粪污治理设施"一次建设、长久使用、持续发挥效用",切实改善农民群众的生活品质。

一、引导农户积极主动管护

积极鼓励把农村厕所粪污处理与资源化利用有关规定纳入村规民约,充分发挥村集体作用,制作通俗易懂的宣传画或手册等,通过上门走访、入户调查、面对面交流、村民代表大会等形式,科普宣传厕所粪污处理与资源化利用知识,认识改善农村环境、美丽乡村和卫生防疫的重要意义,引导广大农民群众积极参与、主动作为,自觉投工投劳,把厕所粪污就地就近转化为肥料利用。这是解决农村粪污资源化利用的最便捷最有效的方式。

二、组建专业化运管队伍

组建农村粪污处理专业化运管队伍是推进农村厕所粪污处理与资源化利用、巩固改厕成效、解决粪便污染、保护农村环境的主要方式之一。目前,全区多数地方都已建立了农村厕所粪污处理利用相关的运维管护队伍,但有关从业人员在政策理解、技术运用和运维管护等方面仍不同程度存在不足,需要进一步加大专业技术培训、学习交流等活动力度。

三、委托第三方实施运管

通过政府公开招标、购买服务和企业承包等多种形式,引入第三方公司参与运维,承担厕所粪污抽取、运输、处理以及相关设施设备的运营维护和农户厕具维修服务,把目前的农村厕所革命政府化运维服务方式引向社会化、市场化服务方式,是各基层探索的路径之一。

目前,宁夏仍有部分地区未建立农村厕所粪污抽取、转运处理和利用等长效机制,或现有机制不完善,仅由镇村组织农民简单管理,难以保障稳定有效的运营维护。加强农村厕所粪污、生活垃圾、生活污水治理等农村人居环境整治任务的有效衔接,保障农村厕所粪污资源化利用的长效化、常态化运行。

案例:隆德县委托第三方专业技术公司参与长效运维管理。每乡镇聘请一家第三方运营公司,每10个村配备1辆吸粪车,所需人员全部从农村配备。第三方运营公司负责农户厕所粪污清掏、运输和综合利用,以及厕具损坏后的维修和管护,确保"粪液满了有人抽、厕具坏了有人修、抽走之后有效用",形成厕所粪污"管、收、用"并重,"责、权、利一致"的市场化服务体系。另外,政府还出资委托当地养殖企业投建有机肥生产厂房,以厕所粪污、种植秸秆、养殖粪污等有机废弃物为原料,实行市场化运营生产有机肥。生产的有机肥就地就近还田利用,既增加了土壤有机质含量、减少化肥使用量,又提高了粮食、果品质量,有效推进农牧结合、种养循环、厕所粪污综合利用。

四、构建多元化运维资金投入机制

农村厕所粪污处理与资源化利用涉及千家万户,是一项巨大的惠民工程。在农村人居环境基础设施建设还相对薄弱的地方,若要在短期内完成改厕目标,实现厕所粪污无害化处理和资源化利用,需要大量的资金投入,仅仅依靠各级政府财政支持很难满足庞大的资金需求。因此,需要建立健全资金激励、补偿与管理机制,吸引民营企业、社会团体等力量,鼓励企业和民间资本介入,形成多元化资金投入机制。

五、建立健全效果评价机制

倡导第三方评估机构参与环境管理,培育生态保护的市场主体地位,将政府主管部门从繁重的事务性工作中解放出来,避免政府自我管理、自我评估,将评价主体工作交给第三方评估机构,实现环境管理与治理的专业化、社会化发展,发挥市场的调节作用,降低治理成本。

六、完善考评监督机制

开展厕所粪污处理与资源化利用日常监管,建立健全县级政府统筹协调,乡、村两级政府督导落实,群众参与监督管理的考评监管机制。开展各级巡检,逐步完善法规制度,在服务质量、达标处理、阶梯收费、群众满意度等方面进行量化评估。同时,引导社会舆论和人民群众多方监督,并将考核结果与补助资金挂钩,倒逼第三方加强管理,提升服务质量。

七、制定激励奖励办法

激励机制是农村厕所粪污处理与资源化利用长效运维的有效手段之一。应根据考核成绩,制定奖励办法,激励第三方加强管理,提升服务质量。同时,要积极开展各类先进典型评选表彰活动,树立农村厕所粪污治理与资源化利用的先进典型,切实发挥典型引领作用。

八、采取信息化管理手段

建立农村厕所粪污处理与资源化利用信息平台,通过在粪污车上安装定位系统,实现厕所粪污抽取、运输处理与利用的全流程监控,为粪污治理提供技术保障。在村居端,村内管护员使用智能手机和特定软件提交服务需求。在作业端,服务公司负责接收报抽、维修信息,在线指导抽粪、转运、处理和利用。在中控端,由管控中心负责操控,动态显示粪污抽取、转运、处理与利用相关情况。

案例:中宁县、兴庆区通过创新开发,科学引入数字化、信息化监管平台,开辟村厕所后续管护"线上""线下"同时平行运行服务。群众可通过拨打电话、扫描二维码、登录微信公众号等多种方式联系粪污抽取设备维修等服务;管护公司工作人员可通过手机软件客户端,即时接收系统分配的任务,完成粪污抽取后,可凭改厕户提供的验证码,通过手机软件实时提交服务的改厕户数量、粪污去向、维修情况等作业信息;县、镇和管护公司可通过信息系统,全方位掌握本辖区的厕所粪污抽取转运、处理与利用等进展情况,对全县所有改厕管护人员、车辆、粪污去向实时调度监管。(宁夏川区广泛使用此类方法,成本低、群众接受程度高)

第五节　组织实施

推进农村厕所粪污处理和资源化利用,必须强化组织实施,从制度建设、实施主体、资金支持、技术支撑、宣传教育等方面着手,按照"政府引导、多元参与、有序推进、整体提升、建管并重、长效运行"的基本思路,形成机制合力,打通关键节点、重点领域和上下层级之间的"中梗阻",推动农村厕所粪污治理标准化、管理规范化、运维市场化、监督社会化。

一、发挥多元主体作用

(一)强化政府主导职责

农村厕所粪污处理与资源化利用是农村厕所革命的难点之一。宁夏党委政府在认真贯彻落实党中央、国务院的系列决策部署,协同乡村振兴、农村环境综合整治等农村工作的过程中,遵照"省级政府统筹负总责、市级政府督办抓推进、县级政府主体抓落实"管理机制,坚持"因地制宜、分类施策"做好顶层设计,合力稳步推进农村厕所粪污处理与资源化利用工作。

(二)压实市县政府职责

明确县级党委、政府责任,协调农业农村、生态环境、住房建设、卫生健康、文化旅游等相关部门的职责,统筹推进农村厕所、生活污水、生活垃圾、黑臭水体治理等工作。建立管理、运维、监管等机制,制定可操作的工作制度和激励办法,坚持把发动工作做细到村,推动村"两委"和党员干部带头,广泛宣传,让群众看到实实在在的效果,自愿跟进。

(三)提升镇村监管能力

在农村厕所粪污处理与资源化利用方面,必须充分发挥村、乡(镇)集体作用,建立"县—乡(镇)—村"三级上下联动机制。在工程建设施工与设施运行维护过程中充分发挥乡镇、村集体的行政协调统筹能力,强化基层组织监督指导权力,引导和督导农村粪污资源化利用。

(四)引入第三方共建共享

引进具有一定经济实力、专业能力强的第三方公司承担厕所粪污处理与资源化利用服务,以及相关设施的运维管护。

(五)发挥农民主体作用

按照"谁受益,谁付费;谁保护,谁获补偿"的原则,农民是如厕环境改善的受益者,也是厕所粪污处理与资源化利用的实施者,理应付费和投入。通过村规民约、宣传标语、大喇叭等村民习惯的宣传方式,引导农民积极参与、主动作为,增强农民付费意识,营造农村厕所粪污处理与资源化利用的"人人有责、人人参与"的良好氛围,增强农民付费意识,发挥农民主体作用。

二、强化组织实施

(一)统筹规划

加强农村厕所粪污处理与资源化利用是《宁夏农村人居环境整治三年行

动方案》和《宁夏农村人居环境整治提升五年行动方案》(2021—2025年)的重要任务之一。要求加强农村厕所革命与生活污水治理的有效衔接，因地制宜推进厕所粪污分散处理、集中处理与纳入污水管网统一处理，鼓励联户、联村、村镇一体处理。鼓励有条件的地区积极推动卫生厕所改造与生活污水治理一体化建设，暂时无法同步建设的应为后期建设预留空间。积极推进农村厕所粪污资源化利用，统筹使用畜禽粪污资源化利用设施设备，逐步推动厕所粪污就地就农消纳、综合利用。

(二)完善标准规范

完善相关标准规范、形成标准体系，是有效推进农村厕所粪污处理与资源化利用，实现长效化、常态化的基本保障。

(三)加强经费管理

为规范和加强农村厕所革命资金管理，提高资金使用效益，应遵照国家相关规定，结合农村厕所粪污处理与资源化利用实际情况，制定经费管理办法。依据"依法依规、公正公开，突出重点、科学分配，注重绩效，规范管理"的原则，明确资金使用范围和使用方式，落实投入责任、数据管理、公示制度、绩效管理、资金监管等要求。

(四)严格质量验收

针对农村厕所粪污处理及资源化利用工程项目特点，各地可以建立适宜的招标和验收制度。

竣工验收后，建设单位应将有关设计、施工和验收文件归档。材料设备供应商、设计单位、施工单位等相关单位应提供设备、设施及污水处理站点的运行维护详细说明书。工程实体验收合格后，方可进行环保验收，验收不合格的应责成施工单位或其他相关单位限期整改。

(五)强化监督管理

各级政府及村委会依据管理职责和项目方案，切实做好农村"厕所革命"

工作的考核评议。通过专项督查、随机抽查等方式,对农村改厕、厕所粪污处理与资源化利用工作进展情况督促检查和考核评估,重点督查组织管理、工程质量和进度、长效管理措施落实等内容。对工作进展快、效果好的个人和集体予以通报表扬及奖励;对工作进展缓慢、存在问题的集体要责成限期整改,整改缓慢的要采取约谈等惩罚措施。

三、拓宽资金融入渠道

当前,农村改厕建设资金主要来自中央及各级地方的财政投入,但厕所粪污处理及资源化利用长效运维还缺少相应的资金支持。下一步应在中央财政资金的引导下,建立地方各级政府的资金投入机制,拓宽资金融入渠道,吸引民间、社会资本进入,解决资金缺口,保障长效运维资金投入持续稳定。

四、强化技术支撑服务

目前,农村厕所粪污处理与资源化利用技术力量还相对薄弱,缺少专业技术人员,资源化利用必需科学指导;部分技术产品还不成熟,需要进一步试验检验后才能推广应用。因此,急需从资源化利用技术模式选择、设施设备运行维护和标准规范等层面,加强对基层干部、管理人员以及农民群众的技术和政策培训,提升治理能力和水平,更好为农村厕所粪污处理与资源化利用提供技术支撑与服务。

五、加强宣传教育引导

宁夏历来重视农村生态环境宣传教育。近年来,通过报纸、电视、短视频等多种媒体以及群众喜闻乐见的大喇叭、宣传栏等手段加大宣传教育力度,引导和教育农民群众加强农村厕所粪污治理与资源化利用,同时开展县乡观摩交流,增强农民群众卫生健康、环境保护、生态文明等思想意识。

第四章 结果评价

第一节 考核验收方法和依据

一、考核与评价方法

成效评价是农村"厕所革命"的重要内容,是衡量改厕任务成败、厕所使用效果的重要环节。宁夏农村厕所建设的成效考核与评价,采取的主要方法是依据当年或上年度完成的改厕任务进行验收,对已改厕所使用情况开展"回头看",对中央农村"厕所革命"整村推进财政奖补项目和宁夏农村"厕所革命"财政奖补项目开展综合绩效评价。

(一)四级实地验收量化打分

按照农业农村部等部委联合印发的《关于推进农村"厕所革命"专项行动的指导意见》《关于切实提高农村改厕工作质量的通知》等,宁夏印发的《关于推进农村"厕所革命"专项行动的实施意见》《宁夏农村厕所建设技术指导意见》以及《宁夏农村厕所改造项目考核验收办法》《宁夏农村人居环境整治三年行动考核验收方案》等文件要求,对标国家及宁夏对农村改厕的各项标准和规范,在全区实行乡镇自验、县级初验、市级核验、自治区级抽验的四级验收制。验收针对化粪池建设、地下污水管网铺设、厕屋建设、马桶及配套设施建设质量,以及厕所整体使用情况、运维情况等关键设施设备、关键环节进行实地查验,同时向农民发放调查问卷,就厕所使用满意情况进行量化打分。

(二)回头看评估

回头看评估主要是针对上年度各地农村户厕建设的数量、质量进行进一步核算和检查。核算目标任务是否完成,是否存在弄虚作假虚报瞒报等情况,是否存在年度任务相互冲抵等情况;核查厕所质量是否达到标准要求,是否存在以次充好、是否存在冬季不能使用、是否存在厕屋、厕具和相关设施配套不完善等情况,是否存在无人维护或维护不及时等情况。

(三)资金核算评估

针对2019年以来中央和自治区下拨农村厕所建设方面的资金使用情况,检查2013—2021年所有项目资金和所有农村厕所建设数量,审核是否存在资金使用不规范、以原有厕所冲抵现在任务的情况,总体评估2019—2021年全区农村厕所建设成效。

二、考核验收对象及范围

农村厕所建设的考核验收对象以县(市、区)为单元,验收范围为当年或上年度改造建设的所有农村厕所,包括户用卫生厕所和乡村公共厕所。

三、相关依据

1.《关于推进农村"厕所革命"专项行动的指导意见》中央农办、农业农村部、国家卫生健康委、住房和城乡建设部等8部委,2018年12月25日印发。

2.《关于切实提高农村改厕工作质量的通知》中央农办、农业农村部、国家卫生健康委等7部委,2019年7月15日印发。

3.《宁夏关于推进农村"厕所革命"专项行动的实施意见》宁夏回族自治区党委农办、农业农村厅、卫生健康委等8部委,2019年3月19日印发。

4.《宁夏农村厕所建设技术指导意见》宁夏回族自治区改善农村人居环境

工作领导小组办公室,2019 年 4 月 8 日印发。

5.《关于进一步加强我区农村厕所建设质量管理工作的通知》宁夏回族自治区改善农村人居环境工作领导小组办公室,2019 年 6 月 25 日印发。

6.《宁夏回族自治区农村厕所改造项目考核验收办法》宁夏回族自治区改善农村人居环境工作领导小组办公室,2019 年 11 月 11 日印发。

7.《宁夏农村钢筋混凝土三格式化粪池建设技术指导意见》宁夏农业农村厅、住房和城乡建设厅,2019 年 11 月 26 日印发。

8.《宁夏农村节水防冻型地下储水式电动高压冲水厕所建设技术性指导意见》宁夏农业农村厅,2020 年 3 月 20 日印发。

9.《农村户厕卫生规范》(GB 19379—2012),2013 年 5 月 1 日实施。

10.《农村户厕建设规范》国家卫生健康委、农业农村部联合印发。

11.《农村户厕建设技术要求(试行)》国家卫生健康委、农业农村部,2019 年 8 月 1 日印发实施。

12.《农村三格式户厕建设技术规范》(GB/T 38836—2020),2020 年 4 月 28 日实施。

13.《农村三格式户厕运行维护规范》(GB/T 38837—2020),2020 年 4 月 28 日实施。

14.《农村集中下水道收集户厕建设技术规范》(GB/T 38838—2020),2020 年 4 月 28 日实施。

15.《塑料化粪池标准》(CJ/T 489—2016),2016 年 12 月 1 日实施。

16.《玻璃钢化粪池技术要求》(CJ/T 409—2012),2013 年 1 月 1 日实施。

17.《预制钢筋混凝土化粪池标准》(JC/T 2460—2018),2018 年 9 月 1 日实施。

18.《城市公共厕所设计标准》(CJJ 14—2016),2016 年 12 月 1 日实施。

19.《农村生活污水处理工程技术规程》(DB64/T 1518—2017),2018 年 2

月 28 日实施。

20. 其他相关标准、规范。

第二节　考核打分程序

考核量化打分与四级检查验收同步进行,分为乡镇自验量化、县级初验量化、市级核验量化和省级抽验量化等程序。

一、乡镇自验量化

由乡镇政府组织并成立验收小组,逐户逐厕进行自查量化打分。对完成改厕的农户整理归档资料,将自验报告上报县级农业农村局。

二、县级初验量化

当年 11 月底前,各县(市、区)组织农业农村、财政、卫健、住建、生态环境、审计等部门组成县级验收组,按照考核验收标准对完工的改厕项目逐户验收、登记造册和量化打分,建立农村户厕改造电子档案。将书面验收报告报市级农业农村局。

三、市级核验量化

当年 12 月底前,各市组织农业农村、财政、卫健、住建、生态环境、审计等部门组成核查组对所辖县(市、区)农村改厕任务完成情况进行核查量化打分,核查重点是各县(市、区)和乡镇自查验收报告、组织机构设置、出台政策、招标文件、采购合同、技术培训、改厕农户花名册、逐户验收、资金拨付和归档材料等内容。同时开展现场抽查,抽查比例不低于 30%。核查报告报宁夏农业农村厅。

四、省级抽验量化

宁夏农业农村厅组织抽验时间一般安排在次年 1 月至 2 月。抽验数量不少于各市、县(区)改厕计划任务总数 10%。按照各市、县(区)上报完成数量和验收情况,认定各市、县(区)当年任务完成情况。

省级抽验和市级核验要做到所有乡镇、改厕模式、产品类型、施工企业全覆盖。

第三节 考核验收内容

农村厕所改造考核验收内容主要分为卫生户厕和乡村公厕两类,卫生户厕的验收内容有厕屋及厕具建设、化粪池及配套设施建设、档案及内业管理、原旱厕拆除情况、用户满意度 5 个部分共 27 项指标,其中,主控指标 19 项,一般指标 8 项;乡村公厕的验收内容有厕屋及厕具建设、化粪池及配套设施建设、档案及内业管理、用户满意度 4 个部分共 20 项指标,其中,主控指标 12 项,一般指标 8 项。

一、卫生户厕验收内容

(一)厕屋及厕具建设

厕屋及厕具建设共 6 项指标,主控指标为厕屋选址、厕具合格、厕具安装、管道和冲水 4 项;一般指标为厕屋建筑面积、厕屋地面 2 项。

(二)化粪池及配套设施建设

化粪池及配套设施建设共 15 项指标,主控指标为产品合格、化粪池外观、化粪池渗漏、化粪池隔板、化粪池排气、化粪池窖井盖、化粪池容积和壁厚、化粪池埋深、化粪池选址 9 项;一般指标为池基处理、池顶处理、化粪池填土、检查口、排气管、连接管 6 项。

(三)档案及内业管理

档案及内业管理共 3 项指标,均为主控指标,分别为档案管理、招标执行情况、运营服务情况。

此外,还有生物降解型旱厕、原旱厕拆除情况、用户满意度 3 项指标。

二、乡村公厕验收内容

(一)厕屋及厕具建设

厕屋及厕具建设共 6 项指标,主控指标为选址、厕具合格、安装及冲厕、厕屋建筑面积 4 项;一般指标为厕屋建筑面积、厕屋地面 2 项。

(二)化粪池及配套设施建设

化粪池及配套设施建设共 10 项指标,主控指标为产品合格、化粪池选址、化粪池外观、化粪池窨井盖 4 项;一般指标为化粪池渗漏、池基处理、池顶处理、化粪池填土、检查口、连接管。无化粪池公共厕所建设只评价检查口、连接管 2 项。

(三)档案及内业管理

档案及内业管理共 3 项指标,均为主控指标,分别为档案管理、招标执行情况、运营服务情况。

第四节 评价量化打分

考核评价量化打分包括主控指标和一般指标 2 类,其中,主控指标有一项不合格,综合评价为不合格;一般指标三项不合格,综合评价为不合格。

一、卫生户厕验收评价打分

1. 厕屋选址:应建造在室内或庭院,尽可能靠近居室方便使用,避风、向阳(现场查看)。建在院外为不合格。

表 4-1 卫生户厕验收评价打分指标体系

卫生户厕验收评价打分指标	主控指标（19 项）	厕屋选址、厕具合格、安装、管道、冲水、产品合格、化粪池外观、有无渗漏、隔板、排气、窨井盖、容积、埋深、选址、档案管理、招标执行情况、运营服务情况、原旱厕拆除情况、用户满意度
	一般指标（7 项）	厕屋建筑面积、厕屋地面、化粪池池基、池底和池顶处理、化粪池填土、检查口、排气管和连接管

2. 厕具合格：便器、储水桶、压力泵等结构（配）件是否合格（看材料合格证）。有合格证的为合格，没有的为不合格。

3. 厕具安装：便器、冲水设备的安装应平正、牢固、无渗漏（现场查看）。有一项安装不到位的为不合格。

4. 管道和冲水：各接口连接紧实，无渗漏；冲厕顺畅，冲水完毕后出水立即能够进入化粪池，无滞留。（现场查看）

5. 厕屋建筑面积：建在室内的应 ≥1.81 m²、建在室外院内的应 ≥3.85 m²、高度应 ≥2 m，有顶、有通风、防冻、保温等设施（现场查看）。建筑面积、高度不足的为不合格，无顶、无防冻保温设施的为不合格。（注：宁夏标准）

6. 厕屋地面：应硬化且高于庭院地面 10 cm 以上（彩钢厕屋应有 10 cm 水泥垫层）（现场查看）。无硬化、低于庭院地面的为不合格。

7. 产品合格：化粪池应有生产合格证和产品检测合格证明。没有的为不合格。

8. 化粪池外观：应完整、无破损、无裂缝，各组件配套（现场查看）。有破损和裂缝或不完整、组件不配套的为不合格。

9. 化粪池渗漏：三格式化粪池池壁和隔间无渗漏。四格以上化粪池，同一工作区间视为一格，但至少保证三个不同工作区间，不同工作区间不得渗漏。有渗漏的为不合格。（现场注水试验）

10. 化粪池隔板：隔板应坚固，无破碎、变形。除玻璃钢化粪池外，其他塑料化粪池隔板间要有横向支撑。

11. 化粪池排气：三格式化粪池第一和第二格间上 1/3 的"气室"应联

通,第一格上设排气孔,外接排气管。第三格应设排水装置。无排气口的为不合格。

12. 化粪池窨井盖:应牢固、安全,质地坚韧,质量符合相关标准(检测合格证)。无检测合格证的为不合格。

13. 化粪池容积≥2 m³,化粪池壁厚(加筋)≥7 mm。达不到要求的为不合格。

14. 化粪池埋深:化粪池顶部距地面小于1.5 m 的为不合格。

15. 化粪池选址:埋设应避开道路,不得影响交通、行人行路安全(现场查看),有影响的为不合格。

16. 池基处理:化粪池坑底部应夯实后加混凝土垫层等防止化粪池沉降措施(查看施工或监理记录)。

17. 池顶处理:化粪池顶部要采取硬化措施,并与窨井盖保持水平面(现场查看)。

18. 化粪池填土:化粪池埋设要逐层夯实填方(查看监理日志)。

19. 检查口:三格式化粪池第二格没有检查口的为不合格(可以与第一格合用一个口)。检查口、清掏口做到防雨水倒灌需求,且需专业工具才可打开(现场查看)。

20. 排气管:安装是否符合规范要求,应高于屋顶 30 cm,排气管上口是否安装防护罩或弯头(现场查看)。

21. 连接管:厕具和化粪池的各连接管连接规范,无渗漏。有渗漏的为不合格。

22. 档案管理:改厕按照"一村一册,一户一卡"建档立卡,统计清晰,农户及改厕信息齐全。现场抽取 5 户农户进行核对,主要信息无误的合格,有 1 户核对不上的为不合格。

23. 招标执行情况:产品供应、施工、监理企业的招标或议标文件、中标企业名录、合同或协议等规范、分类归档清晰。统计清单明确、资料齐全可查的合格,有缺项,记录不全混乱的不合格。

24. 运营服务情况:运营维护招标或委托书、合同规范,服务内容、方式等明确。无委托、无服务或服务方式内容不清为不合格。

25. 生物降解型旱厕(属于技术指导意见推荐模式之外,实际中存在的,2019年年初,个别地方自行选择使用的)。评价内容:与企业签订至少1年菌种免费、3年厕所正常使用保证书。没有保证书的为不合格,不能正常使用的为不合格,不能满足全体家庭成员使用的为不合格。同时,提供农户使用记录册(人次/d、连续使用期间、异味异常记录情况等)。

26. 原旱厕拆除情况。评价内容为:改厕完成能够正常使用的3个月后,旱厕未拆除的为不合格,以农户签字认可时间为准。

27. 用户满意度。评价内容为:调查农户对已改厕所是否满意,并签字确认。

二、乡村公厕验收评价打分

表4-2 乡村公厕验收评价打分指标体系

乡村公厕验收评价打分指标	主控指标(12项)	选址、厕具合格、安装及冲厕、厕屋建筑面积、产品合格、化粪池选址、外观、窨井盖、档案管理、招标执行情况、运营服务情况、用户满意度
	一般指标(8项)	厕屋地面、蹲位数、蹲位男女比例、化粪池有无渗漏、池基和池顶处理、化粪池填土、检查口、连接管

1. 选址:应建造在方便群众使用的地方,并有明显的标示和指示牌。难以找到,无明显标示和指示的为不合格。

2. 厕具合格:便器、储水桶以及结构(配)件是否合格(看材料合格证)。有合格证的为合格,没有的为不合格。

3. 安装及冲厕:便器、冲水设备的安装应平正、牢固,冲厕顺畅,无渗漏(现场查看)。有一项安装不到位的为不合格。

4. 厕屋建筑面积:公厕建筑面积20~60 m²,高度应≥3.5 m,有厕顶,有通风、防冻、保温等设施(现场查看)。建筑面积、高度不足的为不合格,无顶、无防冻保温设施的为不合格。

5. 厕屋地面:应硬化且高于庭院地面 15 cm 以上(现场查看)。无硬化、低于庭院地面的为不合格。

6. 蹲位:男女厕所厕位不少于 10 个,女厕位不低于 5 个。

7. 产品合格:化粪池应有生产合格证和产品检测合格证明,配套设施设备齐全。没有的为不合格。

8. 化粪池选址:埋设应避开道路,不得影响交通、行人行路安全(现场查看)。有影响的为不合格。

9. 化粪池外观:应完整,无破损,无裂缝,各组件配套(现场查看)。有破损和裂缝或不完整、组件不配套的为不合格。

10. 化粪池窨井盖:应牢固、安全,质地坚韧,质量符合相关标准(检测合格证)。无检测合格证的为不合格。

11. 化粪池渗漏:化粪池池壁和隔间无渗漏。有渗漏的为不合格。

12. 池基处理:化粪池坑底部应夯实后加铺垫层,防止化粪池沉降(查看施工或监理记录)。

13. 池顶处理:化粪池顶部要采取硬化措施,做到安全不塌陷,并设置警示标志,防止不必要的危险发生(现场查看)。

14. 化粪池填土:化粪池埋设要夯实填方,以防塌陷(现场查看)。

15. 检查口:检查口、清掏口做到防雨水倒灌需求,且需专业工具才可打开(现场查看)。

16. 连接管:各连接管连接规范,无渗漏。有渗漏的为不合格。

17. 档案管理:按照"一厕一卡"建档立卡,统计清晰,改厕信息齐全。现场抽取 5 个进行核对,主要信息无误的为合格,有 1 个核对不上的为不合格。

18. 招标执行情况:产品供应、施工、监理企业的招标或议标文件、中标企业名录、合同或协议等规范、分类归档清晰。统计清单明确、资料齐全可查的合格,有缺项,记录不全混乱的不合格。

19. 运营服务情况:运营维护招标或委托书、合同规范,服务内容、方式等明确。无委托、无服务或服务方式内容不清为不合格。

表4-3 宁夏农村户厕改厕验收表(样表)

_____村　　　　　　　　　　　　　　　　　编号:_____

户主姓名			验收日期		验收负责人	
厕所类型		具有完整上下水的水冲式厕所□		化粪池相关内容不要求		
		水冲的三格式化粪池厕所□				
		生物降解型旱厕□(仅限2019年)		化粪池相关内容不要求		
化粪池类型		塑料或玻璃钢化粪池□		混凝土化粪池□	砖混结构化粪池□	
项目	指标	项目内容		单项评价		
厕屋及厕具建设	主控	1. 厕屋选址:应建造在室内或庭院,尽可能靠近居室方便使用,避风、向阳(现场查看)。建在院外为不合格		合格□		不合格□
		2. 厕具合格:便器、储水桶、压力泵等结构(配)件是否合格(看材料合格证)。有合格证的为合格,没有的为不合格		合格□		不合格□
		3. 厕具安装:便器、冲水设备的安装应平正、牢固、无渗漏(现场查看)。有一项安装不到位的为不合格		合格□		不合格□
		4. 管道和冲水:各接口连接紧实,无渗漏;冲厕顺畅,冲水完毕后出水立即能够进入化粪池,无滞留(现场查看)		合格□		不合格□
	一般	5. 厕屋建筑面积:建在室内的应≥1.81 m²,建在室外院内的应≥3.85 m²,高度应≥2 m,有厕顶,有通风、防冻、保温等设施(现场查看)。建筑面积、高度不足的为不合格,无顶、无防冻保温设施的为不合格		合格□		不合格□
		6. 厕屋地面:应硬化且高于庭院地面10 cm以上(彩钢厕屋应有10 cm水泥垫层)(现场查看)。无硬化、低于庭院地面的为不合格		合格□		不合格□
化粪池及配套设施建设	主控	7. 产品合格:化粪池应有生产合格证和产品检测合格证明。没有的为不合格		合格□		不合格□

续表

项目	指标	项目内容	单项评价	
化粪池及配套设施建设	主控	8. 化粪池外观:应完整,无破损、无裂缝,各组件配套(现场查看)。有破损和裂缝或不完整、组件不配套的为不合格	合格□	不合格□
		9. 化粪池渗漏:三格式化粪池池壁和隔间无渗漏。四格以上化粪池,同一工作区间视为一格,但至少保证三个不同工作区间,不同工作区间不得渗漏。有渗漏的为不合格(现场注水试验)	合格□	不合格□
		10. 化粪池隔板:隔板应坚固,无破碎、变形。除玻璃钢化粪池外,其他塑料化粪池隔板间要有横向支撑	合格□	不合格□
		11. 化粪池排气:三格式化粪池第一和第二格间上 1/3 的"气室"应联通,第一格上设排气孔,外接排气管。第三格应设排水装置。无排气口的为不合格	合格□	不合格□
		12. 化粪池窨井盖:应牢固、安全,质地坚韧,质量符合相关标准(检测合格证)。无检测合格证的为不合格	合格□	不合格□
		13. 化粪池容积≥ 2 m³,化粪池壁厚(加筋)≥7 mm。达不到要求的为不合格	合格□	不合格□
		14. 化粪池埋深:化粪池顶部距地面小于 1.5 m 的为不合格	合格□	不合格□
		15. 化粪池选址:埋设应避开道路,不得影响交通、行人行路安全(现场查看),有影响的为不合格	合格□	不合格□
	一般	16. 池基处理:化粪池坑底部应夯实后加混凝土垫层等防止化粪池沉降措施(查看施工或监理记录)	合格□	不合格□
		17. 池顶处理:化粪池顶部要采取硬化措施,并与窨井盖保持水平面(现场查看)。	合格□	不合格□
		18. 化粪池填土:化粪池埋设要逐层夯实填方(查看施工监理)	合格□	不合格□
		19. 检查口:三格式化粪池第二格没有检查口的为不合格(可以与第一格共用一个口)。检查口、清掏口做到防雨水倒灌需求,且需专业工具才可打开(现场查看)	合格□	不合格□
		20. 排气管:安装是否符合规范要求,应高于屋顶 50 cm,排气管上口是否安装防护罩或弯头(现场查看)	合格□	不合格□

续表

项目	指标	项目内容	单项评价	
化粪池及配套设施建设	一般	21. 连接管：厕具和化粪池的各连接管连接规范，无渗漏。有渗漏的为不合格	合格□	不合格□
档案及内业管理	主控	22. 档案管理：改厕按照"一村一册，一户一卡"建档立卡，统计清晰，农户及改厕信息齐全。现场抽取5农户进行核对，主要信息无误的合格，有1户核对不上的为不合格	合格□	不合格□
	主控	23. 招标执行情况：产品供应、施工、监理企业的招标或议标文件、中标企业名录、合同或协议等规范、分类归档清晰。统计清单明确、资料齐全可查的合格，有缺项，记录不全混乱的不合格	合格□	不合格□
		24. 运营服务情况：运营维护招标或委托书、合同规范，服务内容、方式等明确。无委托、无服务或服务方式内容不清为不合格	合格□	不合格□
生物降解型旱厕	主控	25. 与企业签订至少1年菌种免费、3年厕所正常使用保证书。（仅限2019年示范建设户，以后不再使用），没有保证书的为不合格，不能正常使用的为不合格。同时，提供农户使用记录册（人次/每日、连续使用期间、异味异常记录情况等）	合格□	不合格□
原旱厕拆除情况	主控项目	26. 改厕完成能够正常使用的，3个月后，旱厕未拆除的为不合格。（以农户签字认可时间为始）	合格□	不合格□
用户满意度	主控项目	满意□	不满意□	签 字
综合评价		主控指标有一项不合格，综合评价为不合格；一般指标三项不合格，综合评价为不合格	合格□	不合格□

表4-4 宁夏农村改厕情况现场抽查表(样表)

市_____ 县(市、区)_____ 乡(镇)_____ 村_____ 编号：_____

基础信息	姓名(户主)		联系电话	
	身份证号		人口数	
	家庭住址	_____村　　(队)组　　户(号)		
	是否常住	□是　　□否(原使用的厕所类型：□非卫生旱厕)		
	改造后户厕类型	□水冲式　　□生物降解型生态厕所　　□其他		
	户厕建造位置	□室内　　□院内		
	粪便处理方式	□进入集中污水处理系统　　□分散式污水处理设备 □三格化粪池处理　　□直接资源化利用(旱厕)		
	运营维护	□已接入管网(城市管网或污水处理站) □未接入管网　　□有运营维护协议　　□无运营维护协议		
	改厕资金到位情况	自治区补助_____元　　县(区)投入_____元 个人投入_____元(投工投酬及厕屋建设核算)		
	改厕竣工时间	竣工时间：_____年_____月		
	县(区)主管部门验收	□验收　　□未验收		
改厕质量	1. 厕屋质量抽查	建筑面积_____平方米，□室内整洁　□"五个一"配套　□无臭无异味无蝇。两项指标不符合规定，判定不合格。		
	2. 冬季保温措施	方式：_____　保温效果：□能正常使用　□冬季不能正常使用。冬季不能正常使用的判定为不合格		
	3. 设施设备质量(厕具及化粪池及配套设备)	□产品合格证　□产品检验证明。(主要查看材质、壁厚、抗冲击力、初始环刚度、负载等指标)。无产品合格证、检测不合格产品判定为不合格。		
	4. 化粪池使用	□格间漏水渗水　□连接管道和配件漏水。有漏水渗水现象，即为不合格		
	5. 化粪池配套设施	□有排气管　□池坑无塌陷　□不影响行人与交通　□检查口安全可靠雨水不能进入　□窨井盖破损易碎　□窨井盖容易取下。两项不符合规定，判定为不合格		
	6. 旱厕是否拆除	□已拆除　　□未拆除　　未按规定拆除的为不合格		
	7. 农户满意	□满意　农户签名_____　□不满意　农户签名_____		
	8. 抽查结论	改厕整体：□合格　□不合格(以上7项有1项不合格为不合格)		

抽查人：　　　　　　　　　　　　　抽查日期：　　年　月　日

县(市、区)农业农村局意见(签章)：

第五节　成效评价

成效评价主要考核农村厕所建设项目的实施成效,包括项目投入、建设过程指标等。

一、项目投入评价

根据宁夏对农村厕所建设资金投入标准的要求,自治区级补助 2 000 元/户,市级、县级按照不低于自治区级补助标准投入,确保三格化粪池式厕所建设成本不低于 4 000 元/户,同时强化组织领导,保障资金投入,确保每年改厕资金纳入财政预算。

二、项目建设过程评价

为使改厕工作取得明显成效,改厕工作实施前由各县(市、区)对农村厕所使用情况进行调查摸底,制订县级农村改厕实施方案,确定年度改厕目标任务;在明确改厕任务后,开展施工人员和有关人员改厕技术培训。改厕过程中,以村为单位组织施工队伍统一施工并与施工人员签订改厕协议,明确权利责任,对施工进行现场质量巡查和指导监督以确保施工质量,对改厕工作进行督查和暗访,并对改厕进度和改厕存在问题提出整改要求;改厕完成后聘请第三方对改厕工程进行验收评定,出具验收测评报告,对改厕验收档案进行分类整理、归档,各乡镇建立改厕"一户一档"台账,并制订改厕后续养护实施方案,切实建立农村改厕工作长效管理机制。评价指标主要为户用卫生厕所合格率。

三、项目产出评价

按照宁夏每年对各市、县下达的改厕目标任务情况,各县对改厕任务进行再分配,细化到每个乡镇、行政村,年度改厕任务数将列入年底改厕项目验收的考核指标内容。主要考核指标有户用卫生厕所普及率、户厕改造任务完成率。

四、群众满意度评价

通过农村改厕工程的实施,提高了农村无害化卫生厕所普及率,加快补齐农村人居环境突出短板,建设好生态宜居美丽乡村,增强广大农民的获得感和幸福感,改善农村农民居住环境。坚持问题导向,对督查改厕过程中存在的共性问题,要求各乡镇要全面开展自查,完成整改,并在保证质量的前提下按时完成任务,获得了广大农民的肯定。

现场查看是否串水

埋深是否合格

选择材料是否合格

图 4-1　现场结果评价

第五章　典型模式

第一节　户厕建设运维典型模式案例

一、西夏区镇北堡镇完整下水道式户厕建设和运维模式

(一)基本情况

2020年西夏区农村人居环境整治工作领导小组办公室牵头，西夏区镇北堡镇紧紧围绕"厕所革命"工作的节点要求，倒排工期、挂图作战，在保证质量和安全的前提下，加快建设速度，任务完成率达到100%。

(二)模式内容

该镇户厕改建工作严格按照宁夏户厕改建要求，主推污水管网式卫生厕所模式。该模式户厕由厕屋、卫生洁具、生活污水排放系统或户用沉淀池、粪污收集管网、末端处理站等部分组成。该镇整村铺设污水管网，所有农户厕所粪污可接入村镇下水管网，后接入城市集污管网，统一进入城市污水处理系统。

模式示意图如下：

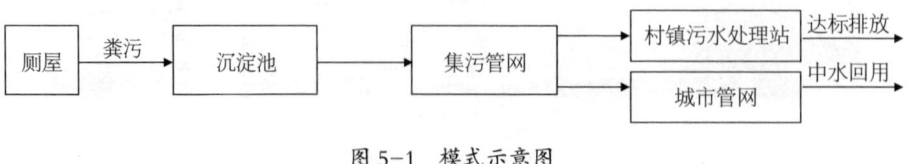

图 5-1　模式示意图

（三）技术特点

该模式通过水冲式户厕+生活污水收集系统+粪污收集管网+末端污水处理站的技术模式，可有效解决居住较为集中地区的改厕问题。同时，能够与已建或拟建户厕、污水收集管网、污水处理站等做到无缝衔接，符合当前我国村庄建设与发展的相关要求。

（四）主要措施

一是强化组织领导，挂图作战压茬推进。镇北堡镇主要领导多次召开"厕所革命"推进会，对改厕工作做出全面部署，统一干部思想，形成工作合力，落实主体责任，镇长作为第一责任人亲自抓，成立以包村领导为组长，村书记为副组长的工作领导小组，常驻现场跟踪指导。镇项目办主抓污水主管网工程，保质保量完成目标任务；各村负责改厕人员主抓农户改厕进度，按照农户改厕标准扎实推进。

二是广泛宣传动员，调动村民改厕积极性。利用村民小组、党小组等微信群发放农村"厕所革命"倡议书，将改厕相关政策、要求标准向村民告知，做到户尽皆知；将改厕纳入"红黑榜"考核范围，以及"积分超市"奖励积分，充分发挥"红黑榜+积分超市"的双轮驱动作用，提高农户改厕积极性；上门排查农户待改造旱厕的构造并登记在册，解答改厕过程中遇到的问题；针对白天外出干活不在家的农户，干部职工及村干部利用晚上时间入户动员，对有抵触情绪的农户多次入户宣传动员，确保如期完成改厕任务。

三是创新方法方式，高质量完成改厕任务。坚持"典型引路、整村实施"的原则，按照以点带面的工作思路，要求村"两委"、党员、致富带头人等人群率先实施改造。统筹考虑全村整体情况，做好顶层设计，坚持整村推进、连片建设。根据本村地势条件、老旧管网布局形态规模、基础设施状况、改善需求等情况，因庄点分类施策，做到一点一策。如华西村对烘干房庄点进行老旧管网疏通改造，对全村无下水管网庄点实施下水管网铺设工程，共完成下水管网铺设14

条 8 000 余米,并全部接入村民家。

四是实施挂图作战,考核督查狠抓落实。两镇三街,紧紧围绕"厕所革命"工作的节点要求,倒排工期、挂图作战,建立工作台账,采取定期检查、重点巡查的方式,对全村改厕工作进行现场督查,在保证质量和安全的前提下,加快建设速度,想方设法赶超时序进度。严格执行一周一督制度,根据各队完成情况进行通报,对工作不到位、行动不积极、效果不明显的进行重点督办,确保厕所改造工作取得成效。按照厕所改造"五个一"标准,即逐户检查,做到完工一户,验收一户,销号一户,确保每一户厕所达到验收标准。

二、青铜峡市联户管网末端收集式户厕模式

(一)基本情况

2020 年,吴忠市青铜峡市在小坝镇、大坝镇、青铜峡镇、叶盛镇、瞿靖镇、峡口镇、邵刚镇、陈袁滩镇 8 个镇 71 个村实施农村卫生厕所改造建设,共建设联户管网末端收集式户厕 12 000 座,安装户用沉淀池、观察井 1.65 万座,埋设污水管网 280 km,新建末端收集池 1 165 座,全市共建设完成农村卫生厕所 20 036 户。全年完成农村改厕项目投资 12 138 万元,户均投资 5 950 元,其中,自治区财政每户补助 2 000 元,青铜峡市财政政府每户配套 2 950 元,农户自筹 1 000 元。截至 2020 年年底,青铜峡市农村卫生厕所普及率达 92%,群众满意度达到 99.9%。

(二)模式内容

该模式由厕屋、卫生洁具、污水排放系统及户用沉淀池、粪污收集管网、末端收集站(化粪池)等部分组成。该模式以自然村多户或巷道铺设集污管网为基础,将所涉农户厕所粪污接入收集管网,末端接入收集站或较大化粪池进行自然熟化处理,处理后的粪污,可作为肥料就近施用于农田,也可以统一用集污车拉入城市污水处理系统进行深度处理。该模式适用于平原、缓坡地等地理

位置相对较好,农户居住相对集中,单个居民点居民不多,其他居民点距离较为分散的广大农村地区,以及已改三格化粪池式户厕的居民区。模式示意图如下:

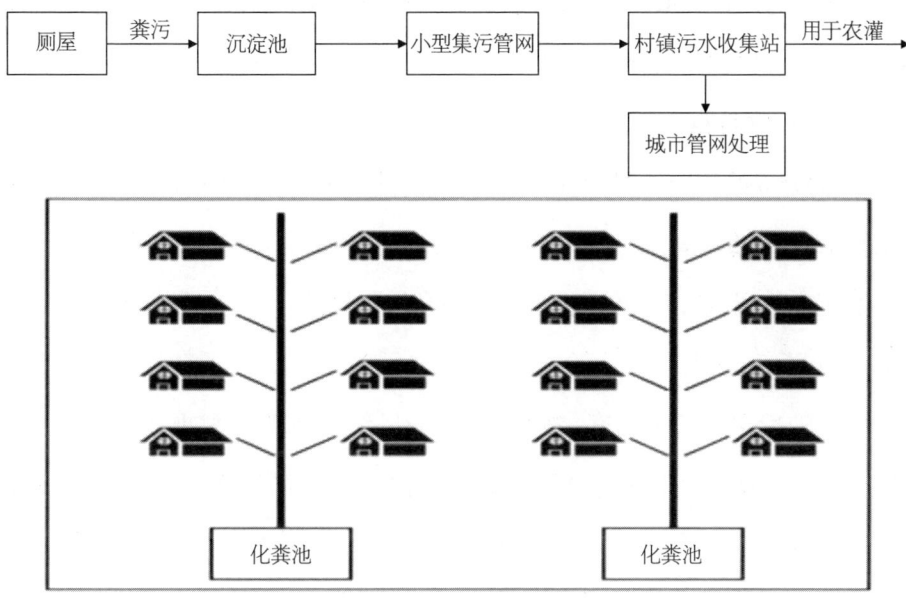

图 5-2 模式示意图

实际建造过程中,根据不同乡镇村庄的实际情况,由建设单位、改厕技术人员、镇村改厕负责人进行实地勘查,确定末端收集池建设最佳位置,并根据村庄改厕农户数确定末端收集池体积。之后通过实地测量村庄高程,按管网铺设坡度要求开挖和铺设收集管网,管沟开挖宽度 60~80 cm,深度应大于等于1.2 m,收集管网采用 DN300 和 DN400 的双壁波纹管或钢带管。每户安装 1 m³ 沉淀池一座,用于粪污沉淀,适当位置安装观察井,户用沉淀池可单户设置,多户居住较为集中时也可依地势联户设置,进沉淀池前的进水管和出沉淀池后的排水管宜少设弯头,已完成水冲式卫生厕所改造的农户,可在末端直接接入污水收集管网。为方便后期吸粪车对末端收集池粪污集中清运至就近污水处理站处理,末端收集池一般建在村庄外围的空闲场地。

(三)技术特点

该模式通过水冲式户厕+户用沉淀池+粪污收集管网+末端收集池+粪污转运车+污水处理站的方式,可有效解决居住相对较为集中地区的改厕问题。同时,也可与已建或拟建户厕、污水收集管网、污水处理站等相衔接,符合当前我国村庄建设与发展的相关要求。

(四)保障措施

一是建立改厕责任制。将改厕工作与镇村干部绩效考核挂钩,将改厕任务分解到每个村组,镇村干部包户到村组,形成"镇领导包村、镇村干部包户到人"的工作格局,各镇党政一把手、分管领导、包村领导、包村干部、村书记,做到层层有责任,人人有担子,个个有压力。

二是加大资金投入力度。按照"先建后补、统筹谋划、整村推进、整体提升、建管并重、长效运行"的基本思路。针对农村"厕所革命"资金短缺的问题,坚持多渠道筹措资金,通过争取项目资金,青铜峡市级财政配套资金,发动农户自筹资金等方式,积极整合中央农村"厕所革命"整村推进奖补资金、自治区改厕补助资金、农村污水处理项目资金,实现农村"厕所革命"资金保障落实到位。

三是加强改厕技术培训。为从根本上解决改厕技术不到位、质量不达标等问题,青铜峡市农业农村局对每一个新开工庄点安排技术人员深入实地,组织各镇负责改厕的工作人员、施工单位负责人、施工人员现场指导卫生厕所建设技术标准和要求,集中学习农村改厕技术规范,严把质量关,为改厕工作顺利开展提供了有力保障。

三、隆德县"四种样板"厕所统筹建设模式

(一)基本情况

近年来,隆德县深入贯彻习近平总书记关于坚持不懈推进"厕所革命"的重要指示精神,按照宁夏改善农村人居环境三年行动总体部署,创新制定"四

种"模式,着力推动农村厕所建设标准化、管理规范化、运维市场化、监督社会化、实现农村改厕全覆盖目标,2020年,获评"全国农村人居环境整治成效明显"激励县。截至2021年,隆德县共改造农村户厕8 422座。建成乡村公共厕所72座,农村卫生厕所普及率达到78%,是全区三类县中普及率最高的,群众如厕难的问题明显好转。

(二)模式内容

该县改厕主推模式为节水防冻型塑料三格式化粪池户厕模式,其次是钢筋混凝土三格式化粪池户厕模式,再次是小管网集中收集式户厕模式,第四是入城市管网的户厕模式。农户水冲式厕所产生的粪污经三格式化粪池腐熟沉淀后,由专门的运维公司通过吸粪车对粪污进行转运,就近经污水处理站或城市污水处理系统进行无害化处理,也可以自行抽取浇灌田地,达到粪污就地就近资源化利用。管网式收集系统收集后由城市污水处理系统进行无害化处理后达标排放。

(三)技术特点

该模式粪污通过水冲式户厕+三格式化粪池沉淀腐熟+转运后无害化处理(或就近农田利用)+管网收集处理实现达标排放。

(四)主要措施

一是因户施策,四种模式指导改厕。充分尊重农户意愿,每个项目村根据居住情况、地理地形条件、供排水管网,农户院落布局、农户个体诉求等具体因素,制订村级改厕细化方案,确定了四种具体建设模式。

①室内一体式,配套浴霸、玻璃钢沐浴设施的成品一体式卫生间;②室内隔断式,在室内采用铝合金、PVC等材料搭建隔断式卫生间;③室外独立式,在室外建设砖木、砖混结构的独立卫生间;④室内外联通式,通过打通卧室外墙建设卫生间,实现内外联通。以上四种改厕模式给农户提供了个性化选择机会,最大限度满足了农户不同需求,确保了改厕群众满意度和使用率。

二是示范带动,激发农户改厕热情。将农村改厕与美丽乡村、农村饮水安全巩固提升、阳光沐浴等项目紧密结合,高标准规划,多渠道支持,增合力、抓典型、强示范,打造凤岭乡李士村室内一体式、观庄乡前庄村室外独立式、联财镇赵楼村室内隔断式、杨河乡红旗村室内外联通式等36个改厕示范村。组织乡村干部、农户到示范村现场观摩、亲身体验、座谈交流,使干部群众充分认识改厕带来的好处,彻底消除顾虑,积极参与、主动配合改厕工作。充分利用新时代农民文化墙、微信平台等载体,广泛宣讲改厕工作方式方法、效益效果,促进广大发户转变观念,摒弃不良卫生习惯。

三是分类推进,同步实施粪污治理。统筹推进农村厕所粪污治理与生活污水治理、畜禽养殖废弃物资源化利用工作,因地制宜推进厕所粪污分散处理、集中处理或接入污水管网统一处理。对距县城较近的9个村庄816户,通过铺设污水管网将生活污水集中收集在县污水处理厂处理。建成10个乡级污水处理站,将20个村7 122户生活污水接入乡级污水处理站。建成5个村级污水处理站,将1 579户生活污水接入村级污水处理站。在13个村3 571户铺设排污管网,配建大型化粪池,进行集中收集处理。对居住分散的57个村6 779户,建设单独的三格化粪池,定期清运。

四是严格监管,确保改厕工程质量。严格按照统一规划、统一图纸、统一价格、统一施工、统一验收的"五统一"原则和统筹规划到位、资金筹措到位、人员培训到位、措施落实到位、督促检查到位的"五到位"要求,推进改厕工作落实。严格落实工程质量和安全责任制,乡镇建立改造工程质量管理制度,农业农村、住建、生态坏境等部门建立施工现场质量巡查和监督指导机制,分村聘请监理公司,对工程技术、质量、建设资料等全程监理,严格出具监理日报和月报;施工企业对改造工程承担保修和返修责任,其中,对已往不合格的2 000多个厕所进行重建。工程竣工后随即验收,兑现补贴资金,确保工程质量达标,实现"建一座、成一座,农户满意一座"。

室内一体式

室内隔断式

院内独立式

室内外联通式(外部可开门)

图 5-3　四种样板图

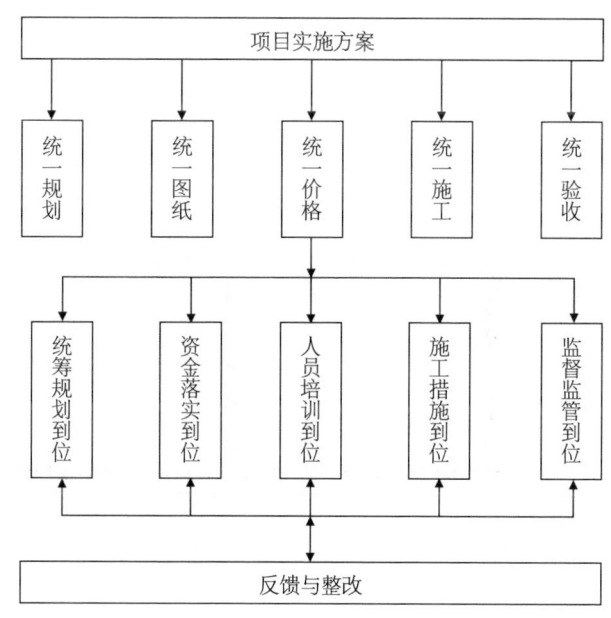

图 5-4　隆德县改厕全程监管流程图

四、中宁县太阳梁乡新海村普通三格式户厕模式

(一)基本情况

中宁县太阳梁乡新海村现有常住户1 000户,截至2020年,已完成农村卫生厕所改造968户,普及率达96.8%,群众满意度达到98%。

(二)模式内容

该村改厕主推模式为三格式化粪池户厕模式。该模式主要由厕屋、卫生洁具、三格式化粪池等部分组成,并配备污水泵。农户水冲式厕所产生的粪污经三格式化粪池腐熟沉淀后,可以自行抽取浇灌田地,达到粪污就地就近资源化利用,也可以由专门的运维公司通过吸粪车对粪污进行转运,就近经污水处理站或城市污水处理系统进行无害化处理。

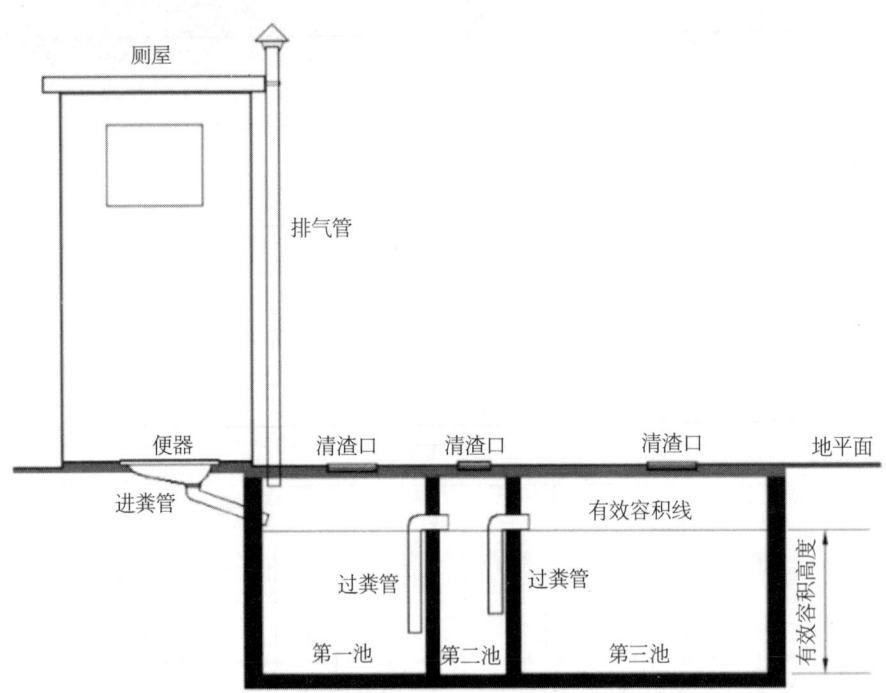

图5-5 中宁县太阳梁乡新海村普通三格式户厕模式

(三)技术特点

粪污通过水冲式户厕+三格式化粪池沉淀腐熟+就近农田利用(或转运后无害化处理)。该模式可有效解决居住相对分散地区的改厕问题。同时,也将粪污进行就近就地资源化利用,也可以集中后资源化利用或无害化处理。

(四)主要措施

一是组织到位。督促指导县改善农村人居环境领导小组成员单位各负其责、各司其职,协同各乡(镇)、村大力推进农村改厕工作,切实抓好各项工作落实。严格要求特许经营中标企业落实项目建设主体责任,狠抓工程进度和质量安全,实行"日统计,周上报"制度,定期将改厕进度上报县级主管部门,确保改厕数据真实性、时效性。

二是宣传到位。首先是雇佣当地宣传员,拉近与村民距离。在施工过程中,发现村民对厕所改造存在较大顾虑及抵触情绪,导致施工无法推进时,通过实地走访、调查,聘请本村威望较高的村民为协调员,专门负责前期协调和摸排调查工作,为加快施工进度做出了贡献,效果明显。其次是样板先行,消除村民疑虑。在施工过程中,村民对农村改厕项目不了解、不熟悉,均存在观望心理,为消除农户疑虑,首先做好前期已同意改厕住户的改厕工作,设观摩点,动员、组织其他观望的村民到现场了解改厕效果,讲解水冲式卫生厕所的各种优点、好处,逐步打消村民观望心理,为本项目进一步大范围宣传及加快施工进度起到了重要作用。第三是聘用低保及建档立卡人员,助力农村脱贫攻坚。在施工过程中,与乡镇、村委干部对接后,聘用低保户、建档立卡户人员从事改厕宣传工作,通过这些人员带头改厕及在施工过程中的大力宣传,既加快了施工进度,也为农村脱贫攻坚战贡献了力量。

三是灵活施工方法。首先是因地制宜,优化方案。在施工过程中,发现本地村民多为回族,居住面积小,且存在一户多代同住情况,如厕条件非常不便,抵触情绪较严重。通过优化施工方案,在农户院内以及临院墙新建厕屋进行改厕,取得了良好进展。其次是室内地面改"破"为"钻",提高村民改厕积极性。在施工过程中,由于入户需要拆除屋内地面基础,工作量大、进度缓慢,且拆除后难以恢复村民原有瓷砖地面,影像住户室内美观,导致部分村民改厕意愿降低。施工人员通过现场查看,集思广益,最终决定采用手持式水钻在室内地面直接垂直打孔,然后从室外横向人工开挖孔洞后焊接安装排水管,这样既不破坏村民室内原有地面,打消了村民疑虑,还提高了施工效率,保证施工进度。第三是精选优质原材料,保证施工质量。原材料质量是施工质量的基础保障,坚决做好工程材料的质量控制,从源头确保工程质量安全。例如,为了解决管材在长期使用下,因压力过大而变形、腐蚀老化、风化易碎等质量问题,摈弃市场常用的 PVC 管材,采用使用寿命长、抗压强度大、抗耐腐蚀性强、抗风化性强等优点的 HDPE 管材。

四是科技助力。研发实施农村污水清运 APP,实现污水运维互联网+方式。为解决污水清运人工调度效率低,清运任务监管难等问题,设立了 24 h 服务专线(967001 转 4 联系清运),配齐专业维修队伍,在完成改厕的农民群众家中布设用户卡,农户可随时通过电话、关注微信公众号和手机 APP 向运营企业反馈问题,维修人员"随叫随到"上门解决问题。运营企业通过互联网+的方式,研发"农村污水清运 APP",实现了厕改管理运行工作的规范化、整体化、资源化和智能化,从厕改建设到厕所后期管护,再到污水清运实现厕改全流程管控(包含了农户端,调度端,司机端、平台端)。

五、彭阳县农村新型节水防冻三格式户厕模式

(一)基本情况

彭阳县地处宁夏南部山区,现辖 4 镇 8 乡,156 个行政村 6 个居民委员会,常住人口 16.05 万人,总土地面积 2 533.49 km²。全县地形破碎、沟壑纵横、群众居住分散,冬季平均气温处于 −5~−15℃。白阳镇中庄村位于彭阳县白阳镇东部,

距县城 12 km,总土地面积 16.5 km²,其中耕地面积 16 140 亩,林地面积 11 170 亩。该村属回汉聚居村,辖 7 个村民小组 438 户 1 672 人,其中常住人口 256 户 1 065 人。该村是彭阳县节水防冻三格化粪池卫生厕所示范推广典型代表村。

2021 年在中庄村共选取 10 户农户(其中中庄组 6 户、阳洼队 4 户)作为示范户,建设节水防冻三格化粪池卫生厕所,全程跟踪调查监测,记录每日如厕使用情况。通过该项目带动,按照"数量服从质量,进度服从质量"的建设要求,综合考虑缺水、冬季防冻、厕所除臭和农户生活习惯等,该村主推三格化粪池式卫生厕所,截至目前累计改造户用卫生厕所 172 户(全部为三格化粪池式卫生厕所),普及率达到 80%。在建设过程中,村组负责人协同农户严把产品质量和施工质量,确保"建一个、成一个、用一个,一年四季都能用"。全面提升管护水平和质量,逐步改变了农村使用"土旱厕"的习惯,初步形成农户家庭卫生整洁习惯,进一步提升群众生活质量。

(二)建设成本

按照《农村三格式户厕建设技术规范》(GB/T 38836—2020)、《宁夏农村厕所建设技术指导意见》《农村三格式户厕运行维护规范》(GB/T 38837—2020)、《宁夏农村节水防冻型地下储水式电动高压冲水厕所建设技术性指导意见》等技术标准要求,建设现场教学模型厕所 1 处,造价为 8 800 元(不含厕屋),其余 9 户造价为每户 5 000 元(不含厕屋,含税费),总建设成本为 53 800 元。

(三)维护措施

按照"谁使用、谁管理"的原则,以农户自主管理为主,发挥农户自身主体作用,将处理后的粪污就近抽运至菜园和农田资源化利用。并将农村户厕粪污抽运纳入乡镇环卫管理站管理范围,采取"公司化运行、商业化运作"模式,按照农户受益、农户付费的原则,建立农村厕所粪污抽取农户缴费制度。

(四)保障措施

一是加强组织领导。为确保农村厕所建设项目顺利实施,成立彭阳县农村改厕项目建设领导小组。领导小组负责协调指导、督促检查,研究解决项目实施过程中存在的问题。同时,成立由县农业农村局分管领导为组长、县能源站技术人员为成员的农村厕所改造(建设)技术指导服务小组。技术服务小组负责建设过程中的技术指导、质量把关、工程验收等。各乡镇、成员单位要按照职责分工,密切配合,强化措施,抓好落实,全力推进农村厕所建设工作。

二是明确职责分工。各乡镇是改厕工作实施主体,要切实提高政治站位,强化责任担当,狠抓工作落实。结合村庄规划,综合考虑本乡镇实际,确定项目建设重点村,制订切实可行的实施方案,细化措施,挂图作战,倒排工期,确保按期完成改厕任务,并在改造完成通过县级验收后,配合县农业农村局及时将补助资金兑现给农户或代建企业。县农业农村局负责协同相关部门,争取宁夏有关厅局对农村改厕项目支持,协调解决工程实施过程中的问题,组织开展监督检查,抓好技术指导、质量把关、工程验收等工作;其他部门(单位)根据各自职能,配合做好资金筹措拨付、监管、审计等工作。

三是强化资金保障。县发改局、财政局、农业农村局等部门积极争取"厕所革命"项目资金,统筹农村厕所建设相关项目资金,加大支持力度,强化资金监管。厕所补助资金做到专款专用,严禁挤占或挪用,并确保及时拨付到位。积极引导社会资本参与投入农村"厕所革命"。

四是加大宣传力度。结合乡村振兴和普及健康卫生活动,各乡镇、相关部门(单位)积极组织开展"厕所革命"公益宣传活动。围绕农村人居环境整治村庄清洁行动、群众性精神文明创建等活动,多层次、全方位宣传"厕所革命"重要意义。加强卫生健康知识、文明如厕、卫生厕所日常管护等宣传教育,激发广大农民群众的积极性和主动性。

五是强化监督检查。将农村改厕工作纳入农业农村重点工作和农村人居环境整治工作考核之中,彭阳县农村改厕项目建设领导小组定期不定期开展督促检查,及时掌握工作动态,实行月通报制。对农村改厕项目实施组织不力、进度缓慢的乡(镇)书面通报批评。建立群众监督机制,对参与改厕企业及产品品牌、配置、价格和补贴政策通过一定渠道向社会公开,设立举报电话和服务电话,接受群众监督。对在农村改厕工作中出现的工作失职、推诿扯皮、违纪违规等行为,追究相关责任人的责任。

(五)取得经验与效益

该模式有效破解了当地农村水冲式厕所节水、防冻、防臭等技术难题,为缺水高寒地区全面提升改厕质量提供了坚实的技术支撑。自2019年在彭阳县推广以来,累计建成9 790户(座),节约用水33.2万 m^3 约合116.2万元、节电(或煤)221.6万元,粪污资源化利用节约化肥0.22万t约合440万元,节约成本777.8万元。通过试点示范,帮助群众解决室内或室外水冲式厕所防冻和节水问题,降低群众如厕成本,实现粪污资源化利用,实现节能减排和水资源循环利用的目标,而且有效提升了农户幸福指数,取得了显著的经济效益、社会效益和生态效益。

六、平罗县红崖子乡红瑞村集中管网式户厕模式

(一)基本情况

红瑞村是平罗县"十一五"和"十二五"期间生态移民搬迁安置的核心区,全村1 845户,安置来自西吉县11个乡镇34个行政村的生态移民1 814户9 164人,其中建档立卡909户5 037人。近年来在县委、县政府及各级部门的大力支持下大力发展畜牧、瓜菜、劳务三大产业。红瑞村农民人均纯收入达7 899元,建档立卡贫困人口全部脱贫,贫困发生率降至零。经济实力和城乡面貌正在发生日新月异的变化。

红瑞村基础设施基本完备,但没有规划建设排水管网,雨季村庄内极易内涝、排水不畅;与此同时,一些传统陋习依然存在,特别是农村传统旱厕大量存在,脏乱差问题时有发生,与老百姓对美好生活的向往不符。从2019开始,红

崖子乡正式启动农村"厕所革命",到2021年年底全面完成厕所改造,项目总投资2 313万元,改造户厕1 845户,每户概算投资4 700元,其中室内部分概算投资约2 000元,包含室内隔断1 200元,马桶安装509元,地漏及洗手盆排水管价格约200元;室外部分概算投资2 700元,包含室外化粪池及管道安装2 300元,管道保温400元。按照"污水治理与农村改厕同步"原则,红瑞村厕所改到哪里,污水治理就推进到哪里。2021年年底,红瑞村1~6区地下污水管网已建设完成,7~10区村庄污水管网和一个污水处理厂正在建设中,卫生厕所普及率达100%,群众满意度达到100%。

(二)主推模式

红瑞村户厕改造主推模式为户厕+户用沉淀池(三格式化粪池)+管网模式(粪污转运车)+污水处理站。该模式主要由厕屋、卫生洁具、户用三格式化粪池、集污管网、末端收集池等部分组成。建设时,由建设单位依据户和村的具体情况,进行勘察设计,确定化粪池和管网类型,并依据粪污产生情况确定收集服务方式。

(三)技术特点

该模式能够有效地解决同一村庄既有集中居民又有分散住户的改厕问题。对相对集中居民,巷道内铺设集污管网,管网观察井按距离用户厕屋最近设置,一般30 m设置一个,户厕距离观察井不足10 m的,污水可直接通到观察井中,距离超过10 m的,则每户安装1 m³沉淀池一座,用于粪污沉淀,污水经沉淀后接入观察井。对分散住户设置三格式化粪池,其污水可作肥料用于农田,也可以转运至最近的集污管网中集中处理。

(四)保障措施

一是高度重视是改厕工作圆满推进的关键。平罗县农村改厕工作部署会后,针对改厕工作任务重、时间紧的情况,乡党委及时召开专题会议,研究决定成立了以乡长为组长,分管领导为副组长的改厕领导小组。积极向县农业农村局申报红瑞村厕所改造和道路恢复项目,室内改造项目由县农业农村局验收后拨付,室外争取扶贫资金拨付。项目落地后,成立了乡项目办为主的改厕工作组,具体负责农村改厕工作的政策宣传、项目实施、项目监督及档案管理等工作。

二是深入宣传是改厕工作顺利开展的前提。农村改厕工作涉及千家万户,需要乡村干部做大量细致的宣传工作。为加强组织领导,红崖子乡成立了"厕所革命"工作领导小组,领导小组下设办公室,统筹推进"厕所革命"相关工作,乡村干部按照包户分工各司其职、齐抓共管,层层分解,落实工作责任,确保改厕任务落到实处。改厕工作开展前期,深入红瑞村每家每户开展宣传工作。同时利用广播、悬挂横幅、张贴标语、设立咨询点、上门入户发放宣传材料等多种形式进行宣传。其间为推动改厕工作顺利进行,召开现场推进会 5 次,实行领导包片、干部包组,将宣传动员"厕所革命"作为一项主要工作,对农户讲清楚、说明白开展厕所革命的好处、健康文明如厕的益处,让群众从心底里自发地支持"厕所革命"工作。及时召开村民代表大会,修改完善村规民约,将自觉开展"厕所革命"纳入进去,按照统一规划,实施"厕所革命"。并利用大喇叭、宣传栏、刷标语等形式,向广大村民广而告之,营造家喻户晓、人人皆知的浓厚氛围。

三是典型示范是改厕工作全面展开的途径。建一座示范性三格式厕所,既可以在实践中总结经验,又可以为全面推广树立口碑。为进一步推动改厕工作,前期选择了两户靠近路边的农户作为样本点,安排技术人员对这两户样本点作了全面的技术指导,在建样本点过程中,精心把握操作规程,掌握各种数据,知晓资金投入量,同时还组织村民代表及施工人员现场观摩。通过典型示范使广大农民群众看到改厕的益处,进而激发起他们改厕的积极性,推动全乡改厕工作步伐。

四是督查调度是改厕工作稳步前行的动力。针对具体工作中存在的个别农户对改厕工作认识不足,有畏难情绪,有的区忽视技术指导和改厕质量,改厕标准不够规范统一等问题,红崖子乡加强过程管理,实行督查调度制度,每周三乡主要领导带领改厕办人员进组入户实地查看。通过督查和调度,使乡、村干部"人人头上有指标,个个肩上有压力",从而推进了全乡改厕工作进度。

五是现场把关是改厕质量达标的保证。改厕工作中,政府是主导,群众是主体,技术是关键。要求改厕技术人员必须做到"三勤":即"腿勤、手勤、嘴勤"。"腿勤"就是多跑路,每户放线动工必须到场,开始砌砖必须到场,安装过粪管必须到场,砌好后必须到场;"手勤"就是用钢卷尺多丈量、多计算尺寸大小,必须确保按图施工;"嘴勤"就是多讲改厕好处,多解释施工技术要领。同时安排乡村干部在现场监督指导,县改厕技术专家也多次到现场把关,及时发现问题,解决问题,保证改厕质量顺利达标。

七、利通区金积镇大庙桥村市镇集中管网户厕(公厕)模式

(一)基本情况

大庙桥村隶属于吴忠市利通区金积镇,现有 9 个生产队 580 户,总人口 2 349 人,常住农村户数为 207 户。按照宁夏统一部署和与利通区人民政府签订的责任书,大庙桥村完成户厕建设任务 221 户。另外,该村根据《宁夏农村厕所建设技术指导意见》要求,建设环保型农村公共厕所 1 座。公厕建立在大庙桥村村部广场附近,地势开阔,厕所参照《城市公共厕所设计标准》设计,基础设施齐全,大庙桥村定期打扫室内卫生,保证公厕内部干净整洁无异味。

(二)模式内容

金积镇大庙桥村户厕改建工作严格按照利通区户厕改建要求,建设环保型卫生厕所并采用污水管网式卫生厕所模式。该模式户厕由厕屋、卫生洁具、生活污水排放系统或户用沉淀池、粪污收集管网、末端处理站等部分组成。该村整村铺设污水管网,所有农户厕所粪污可接入村镇下水管网,后接入市政排污管网,

统一进行处理。建设完成后,通过县、市、自治区三级验收,确保221户户厕正常使用,彻底解决农村厕所污水和生活污水乱排乱倒现象。

(三)技术特点

该模式通过水冲式户厕+生活污水收集系统+粪污收集管网+末端污水处理站的技术模式,可有效解决居住较为集中地区的改厕问题。同时,能够与已建或拟建户厕、污水收集管网、污水处理站等做到无缝衔接,符合当前我国村庄建设与发展的相关要求。

(四)主要做法

一是强化组织领导,全面压实工作责任。专门成立了大庙桥村"厕所革命"工作领导小组,建立了党政"一把手"负总责的"厕所革命"工作责任制,形成了上下贯通、责任到底、合力攻坚的责任落实体系。

二是开展摸底造册,全面摸清户厕底数。大庙桥村民小组严格按照户厕建设的最新国家标准要求,进行全面排查和核实全村总户数,逐户查看核实每一户户厕情况,严格按照无害化厕所户数、旱厕户数、无厕所户数分村、分农户登记造册,最终锁定全村常住户数207户。

三是改建方式推进,确保户厕存量"清零"。坚持因地制宜,分类指导。因村施策,做到一户一策,采用符合当地实际的农村厕所建改模式。充分尊重农户的意愿,采取新建、改建与方便村民生产生活相结合的方式,因户施策,实行干群联建。

四是狠抓工作落实,保证工程有序推进。首先是严格执行有关政策。坚持国家最新户厕建设基本标准,严格执行户厕建设有关政策规定。其次是进村入户做群众工作。加大户厕建设政策宣传力度,镇村组3级干部和党员干部进村入户深入调查、广泛宣传,将政策宣传到户到人。第三是实行统规统建。为加快工程建设进度,协调有资质的第三方建筑施工队伍,定期对施工队和技术员进行培训,确保施工标准到位、程序严格。由施工队实施户厕建设,确保户厕建设好推进、好管理、好整改。第四是抢抓施工进度全力推进。抓住施工黄金时节，实行领导干部挂钩包保，派驻工作队（组）进村蹲点，加强指导与督促，狠抓工程进度和质量。第五是创新"清洁家园·荣誉超市"工作机制。

五是严格资金监管，确保补助资金安全。充分调动群众在农村"厕所革命"中自建自筹、投工投劳的积极性，采取政府补助和群众自筹的方式筹集改厕资金。及时跟进，落实资金保障，统一户厕建设资金补助标准，新建污水管网式卫生户厕补助1 200元/户。及时发放户厕建设补助资金，进一步缓解了农户的经济负担，全力推动户厕建设项目的深入实施。

六是强化督导检查，严格规范工作程序。首先是定期对户厕建设进展情况和达标情况进行督查，做到督查到户，全面覆盖。每周通报户厕建设工作进度，真实、客观反映和通报工程推进情况。其次是坚持做好技术指导服务工作。第三是注重档案资料收集，对每个阶段收集到的资料认真进行审核，齐全完备后逐步归档，确保户厕建设档案资料齐整、真实、规范，经得起上级考核验收评估。

（五）取得成效

一是旱厕数量减少，卫生条件明显改善。通过采取新建、改建方式，大力实施水厕建设，有效地改善了农民厕所卫生环境，提升了农民生活品质，引导农村如厕文明。

二是农户建厕的积极性有所提高。通过反反复复进村入户，深入做群众思想工作，农户的思想观念、生活方式发生了积极的变化，户厕建设的积极性有所提高。由之前持观望等待态度到"要我建"变成"我要建"，户厕建设的愿望变得更加强烈了，户厕建设的积极性发生了质的转变。

三是人居环境发生了较大改善。实施户厕建设，家家户户建起了新厕，有效地消除了旱厕，解决了无厕所农户的难题。村容村貌大变样，农村人居环境得到了明显改善。

四是促进了农村社会发展。实施"厕所革命"，改变了农户的生活习惯，促进了农村社会发展。人居环境得到了有效改善,让无厕群体笑逐颜开,让他们共享了改革发展成果,真正实现了"发展为了人民、发展依靠人民、发展成果由人民共享"的理念。

(六)经验启示

一是摸清户厕存量底数是实施户厕建设的基础。只有准确摸清户厕存量底数,做到底子清、情况明、对象精准,才能有效实施。

二是充分调动群众的积极性是实施户厕建设的根本。实施户厕建设是一项重大而紧迫的政治任务,群众是直接受益者,更是建设的主体。"发动群众、依靠群众、让群众满意,是户厕建设工作的根本要求。"再好的政策,都离不开群众的理解与支持,必须充分调动群众的积极性;只有充分调动群众的积极性,才能把好事办好。只有这样,才能确保"厕所革命"顺利实施。

三是落实政策资金保障是实施户厕建设的关键。农村户厕存量大且面广,涉及农村困难群体多,资金投入是关键。党委、政府只有加强政策倾斜和资金支持,为农户提供一定政策资金支持作保障,切实解决建厕资金短缺的问题,才能提高农户实施户厕建设的积极性和主动性。

第二节 公厕建设运维典型案例

中宁县鸣沙镇长鸣村公厕建设和运维典型案例。

一、基本情况

2020年,鸣沙镇长鸣村在县委、县政府的大力支持,县农业农村局技术指导下,通过特许经营模式开展农村公厕建设,要求中标企业集思广益、优化方案,在村委会旁人流量大的区域,科学布局建设公共厕所,配备储物室等基本设施,全力推进厕所工程建设,做好后期运营维护。

二、运维模式

该镇公厕建设与运维模式为政府建设+社会第三方运维+政府和社会监督模式。

三、模式特点

该模式主要特点为"三化",即建设统一化、管护一体化、运维社会化。建设统一化是指公厕的建设由政府统一安排资金设计建设;管护一体化是指一体化统筹城市与乡村公厕的建设与管理;运维社会化是指公厕的日常运行与维护由政府以购买服务形式招标社会第三方进行运营维护。

四、主要措施

(一)建立运营维护机制

中标企业(宁夏环保集团)按照规范化、制度化、长效化建立公厕管理机制,主动公开并上墙公示"规章制度、监督电话"等内容的公厕服务管理制度,以保证公厕的规范化运行;要求值班员每两小时拍摄一次公厕实况视频并发至微信群,实时巡检监督运营维护情况;制作发放了"厕所革命"十个冷知识及文明公约宣传页,向农民群众普及农村污水知识,提高农户卫生意识。

(二)健全运营维护体系

公厕的管护由中标企业负责,定时对公厕进行清扫,清理化粪池及周边垃圾,保障化粪池及公厕周边干净整洁,周围无外溢、无堆积,及时清抽避免满溢;对值班人员建立绩效考核标准并严格执行。

(三)环保公厕节能降耗

为顺应绿色新政以及国内"公厕改革"浪潮,中标企业积极探索发展低碳循环经济的有效途径,以应对未来的发展挑战。针对控水控电方案,提出"环保公厕节能降耗"的概念,利用对公厕各类硬件设备、运行模式等方面进行改造,为管路加装伴热带及保温棉,加装洗手台、调控出水大小,既保证了公厕的正常运行,又达到节水节电的目的。

(四)建立健全公厕管理制度

明确农村污水负责人岗位职责,同时中标企业制定了相关操作规程、管理制度及办法,建立了公厕管理负责人岗位职责、公厕保洁人员岗位职责、明确了公厕开放时间、清洁内容、清运管理、工器具及消毒剂的配备、领用、使用和保管规定,提高了公厕服务质量,确保公厕发挥最佳运行效能。

(五)制作配套指示牌

制作简单、易懂,形象生动的指示牌,明确中标企业管护职责,引导农户文明健康如厕,做好贴心服务。

第六章　政策标准

2018年以来,宁夏深入贯彻习近平总书记关于农村"厕所革命"重要指示批示精神,坚持把农村"厕所革命"作为实施乡村振兴战略、改善农村人居环境、全面建成小康社会的重要内容来抓,强化顶层设计,注重技术标准质量体系建设,先后出台了《宁夏农村人居环境整治三年行动实施方案》《关于推进农村"厕所革命"专项行动的实施意见》等政策措施19项,制定了《宁夏农村厕所建设技术指导意见》《宁夏农村节水防冻型地下储水式电动高压冲水厕所建设技术性指导意见》《宁夏农村钢筋混凝土三格式化粪池建设技术指导意见》等技术文件4项。

第一节　政策措施

一、宁夏农村人居环境整治三年行动实施方案

2018年5月21日,宁夏回族自治区党委办公厅、人民政府办公厅印发了《宁夏农村人居环境整治三年行动实施方案》(宁党办〔2018〕43号),提出了全面推进农村生活垃圾治理、大力推动农村"厕所革命"、扎实开展农村生活污水治理、进一步提升村容村貌、强化村庄规划管理、完善建设运维机制6项具体整治任务。

"厕所革命"作为三年行动其中一项具体任务,具体目标:2018—2020年,

力争川区农村卫生厕所普及率分别达到30%、55%、85%左右,山区农村卫生厕所普及率明显提高,畜禽粪污资源化利用设施周边村庄厕所粪污逐步得到协同处理。

对农村户厕改造的具体要求:

(1)要求根据宁夏气候特点,总结近两年改厕试点经验,在川区和山区有条件的地区,坚持与农村饮水工程、阳光沐浴工程相结合,以主房室内水冲式无害化卫生厕所为主、污水集中(或分散)处理的方式,积极推进农村户厕改造建设。

(2)在不具备改造室内水冲式厕所的地区,积极实施三格式化粪池、新型无害化卫生厕所改造,逐步消除露天旱厕。

(3)科学实施厕所改造工程,加大新技术、新工艺、新材料、新设备推广应用,扎实做好防水、防渗、防冻、防臭等措施,积极推进粪污资源化利用,切实提高卫生厕所使用率。

(4)推进有条件的村庄粪污集中收集处理,就地堆肥还田;完善农村畜禽粪污处理设施,对厕所粪污进行协同处理,积极推动厕所粪污无害化处理、资源化利用。

二、关于推进农村"厕所革命"专项行动的实施意见

为深入贯彻习近平总书记关于农村"厕所革命"的重要指示精神,根据中央农办、农业农村部、国家卫生健康委等8部委《关于推进农村"厕所革命"专项行动的指导意见》(农社发〔2018〕2号)、《宁夏农村人居环境整治三年行动实施方案》(宁党办〔2018〕43号)及全区农村人居环境整治工作会议部署要求,科学指导各地推进农村"厕所革命"工作,有效提升宁夏农村人居环境建设水平,2019年3月18日,宁夏回族自治区党委农办、自治区农业农村厅、自治区卫生健康委员会、自治区住房和城乡建设厅、自治区文化和旅游厅、自治区发展和改革委员会、自治区财政厅、自治区生态环境厅印发《关于推进农村"厕所革命"专项行动的实施意见》[宁农(社)发〔2019〕5号]。亮点内容如下。

1. 基本思路

有序推进、整体提升、建管并重、长效运行,确立先进模式、观摩推广,建立样板间,直观学习,建设不合格工程通报批评制,推动农村厕所建设标准化、管理规范化、运维市场化、监督社会化,引导农民群众养成良好如厕和卫生习惯,切实增强农民群众的获得感和幸福感。

2. 总体目标

到2020年,川区农村卫生厕所普及率达到85%左右,达到卫生厕所基本规范,储粪池不渗不漏、及时清掏;山区卫生厕所普及率明显提高;实现村庄环境基本干净整洁有序,整治管护长效机制初步建立,村民环境健康意识普遍增强。

3. 主要任务

一是全面摸清农村厕所底数。对标农村卫生厕所普及率建设任务,组织开展农村厕所现状大摸底,以县域为单位全面摸清常住户、候鸟户、不常住户、空巢户,从而确定农村户用厕所数量、模式等信息;深入开展调查研究,全面了解农村厕所建设、管理维护、使用满意度等情况,及时查找问题,跟踪农民群众对厕所建设改造的新认识、新需求;建立全区农村改厕信息平台,以行政村为基本单元建立信息按月上报制度,及时统计农村厕所建设情况。

二是科学编制农村改厕方案。各市、县(区)要立足当地地理环境、气候条件、经济水平、农民群众生产生活习惯等因素,结合乡村振兴、脱贫攻坚、改善农村人居环境,突出乡村优势特色,体现农村风土人情,在总结农村改厕试点经验的基础上,编制县域农村"厕所革命"和生活污水处理整体规划,因地制宜逐乡、逐村制订建设方案,明确农村改厕和生活污水处理类型、年度任务、资金安排、保障措施。围绕水资源和立地条件,区分干旱山区、水资源相对紧缺地区和引黄灌区等不同地区,合理确定农村改厕模式,大力推广适应不同条件、技术成熟、性价比高、农民能够接受的农村卫生厕所,确保"厕所革命"科学有序推进。

三是分类推进农村厕所建设。各市、县(区)要按照《宁夏农村生活污水处理及改厕技术性指导意见》相关要求,结合当地实际,研究选择技术模式和改厕模式,编写技术规范,指导科学合理建设,能水厕不旱厕,能集中处理不分散处理,能资源化利用不单独直接排放,逐步实现水资源循环利用。农村厕所建设改造要与农村生活污水处理相结合,与乡(镇)、村规划相结合,排放符合环保达标要求。水厕建设改造,在川区和山区有条件的地区,坚持与农村饮水工程、阳光沐浴工程、农村污水治理相结合,按照《农村户厕卫生规范》(GB 19379—2012)和《农村生活污水处理工程技术规程(DB64/T 1518—2017)》要求,以主房室内水冲式无害化卫生厕所为主、污水集中(或分散)处理的方式,统筹推进农村户用厕所建设改造,实现防渗、防冻、防臭。按照《农村户厕卫生规范》(GB 19379—2012)设计要求,积极引进推广实用改厕技术,指定在同心县折腰沟村开展试验其他地方不得随意试验,减少失败和财力浪费,做到好用、耐用、经济。

四是积极开展整村示范建设。学习借鉴浙江"千村示范、万村整治"工程经验,积极开展"百村示范、千村整治"工程,整县整乡整村分阶段、分批次滚动推进农村"厕所革命",总结推广适宜不同地区、不同类型、不同水平的农村改厕典型范例,以点带面、先易后难、积累经验、形成规范。坚持"整村推进、分类示范、自愿申报、先建后验、以奖代补"的原则,有序推进,创建一批农村卫生厕所建设示范县、示范乡、示范村,科学引导全区农村"厕所革命"工作,围绕改厕合格率、完成率、使用率、满意率,以标准创建示范,"四率"较低的县不予评选示范。

五是强化农村厕所技术支撑。区分厕所类别,加大农村厕所新技术、新工艺、新材料、新设备引进示范推广,鼓励区内科研院校研发适合农村实际、经济实惠的厕所建设改造材料、无害化处理、除臭杀菌、智能管理、粪污回收利用等新技术、新产品,逐步淘汰技术落后、环保不达标的厕所设施设备。积极探索厕所粪污处理防冻措施,推广应用微生物处理、沼气化粪及自然化解粪污等处理工艺,实现厕所技术全面升级。加强农村厕所信息管理,对改厕户信息、施工过程、产品质量、检查验收等环节进行全程监督,对公共厕所、旅游厕所实行定位和信息发布。

六是完善建设运行管护机制。坚持建管并重,充分发挥村级组织和农民主体作用,积极采取政府购买服务等方式,建立政府引导与市场运作相结合的后续运行管护机制。各地要明确厕所运行管护标准,特别是乡村公共厕所要做到有制度管护、有资金维护、有人员看护,形成规范化的运行维护机制。运用市场经济手段,探索推广"以商建厕、以商养厕、政府购买服务"等模式,创新机制,确保建设和管理到位。组织开展农村厕所建设和维护相关人员培训,引导当地农民组建社会化、专业化、职业化服务队伍,参与厕所运行管护工作。

七是同步推进厕所粪污治理。统筹推进农村厕所粪污治理与农村生活污水治理相配套,积极推进厕所粪污接入城市污水管网集中统一处理或相对集中处理,实行"分户改造、集中处理"模式,将单户分散处理与联户、联村、村镇一体化治理相结合。有效推进有条件的村庄粪污无害化处理,就地堆肥还田,完善农村畜禽粪污处理设施,村庄附近厕所粪污进行协同处理。

三、当前农村改厕工作中存在或可能出现的有关问题

2019年6月24日,自治区改善农村人居环境工作领导小组办公室印发了《当前农村改厕工作中存在或可能出现的有关问题》,将宁夏农村改厕工作中存在或可能出现的10个方面66个问题列出清单,要求高度重视,认真研究,妥善解决和防范类似问题。其要点如下。

1. 思想认识方面

一是有的地方对农村"厕所革命"的重要意义认识不够,存在"上热下冷"现象,没有作为一项民生工程抓紧抓实,没有当做大事要事来抓,而仅仅当成一般性、常规性工作进行部署。

二是有的地方对农村改厕系统性、复杂性认识不深,有的认为很简单,不就是建个厕所吗？有的认为农村改厕太复杂,能躲就躲、能推就推。

三是有的地方认为农村改厕是农民自己的事,政府就不应该管。

四是有的地方五级书记抓落实不到位,党委政府主要领导不过问,在县级仅由分管领导牵头,乡镇一级由分管乡镇长负责,甚至有的村党支部书记对本村的改厕情况不清楚。

五是有的地方基层干部对推进农村改厕政策、技术不熟悉、不研究,一问三不知。

六是有的地方农村改厕部门责任不清,相互推诿、扯皮,有的还在等待观望,期望机构改革到位后再开展工作。

2. 目标任务方面

一是有的地方农村改厕底数不清,对下一步的改厕需求和任务掌握不精准。

二是有的地方统计口径不一,对卫生厕所、无害化卫生厕所分不清楚,如有的认为只要有厕所就是卫生厕所。甚至还有的认为挖个坑也是卫生厕所。

三是有的地方忽视了当地经济条件、社会发展水平、财政承受能力等,设定了过高的改厕目标。

四是有的地方图省事、赶进度,按照户籍人口等数据对改厕任务进行简单分配。

五是有的地方不审核不调查,简单地按照户、村、乡层层上报的改厕需求制订改厕任务计划。

3. 规划设计方面

一是有的地方没有从整体上对改厕工作进行规划设计,还停留在提要求、喊口号上。

二是有的地方推进农村改厕没有进行科学规划,没有明确改厕的重点地区和优先序,现阶段哪些地方先改、哪些地方后改、哪些地方缓改都不清楚。

三是有的地方没有户厕改造设计图,没有与农房建设、村容村貌、院落布局等统筹考虑,任由村民自行建设,想怎么建就怎么建、想在哪里建就在哪里建。

四是有的地方为了改厕和生活污水处理,反反复复开挖道路,出现"拉链工程"。

五是有的地方推进农村改厕过程中,与农村生活污水治理没有统筹考虑,各干各的。

4. 群众发动方面

一是有的地方政府大包大揽,以行政力量推动改厕,没有引导农民群众参与,导致"政府干、群众看"。

二是有的地方宣传工作方法简单、渠道单一、不深入、不具体、不接地气,工作不细不深,缺少与农民群众的沟通交流。

三是有的地方部分农民群众认为这是政府的事,不愿出资、不愿投工投劳,也不积极配合。

四是受传统生活观念与习惯影响,有的农民群众认为水冲式厕所用起来"不习惯",花钱费工夫改造不值得;有的仍习惯使用公共旱厕,家里的新式厕所成摆设。

五是有的地方农民群众对厕所建在什么位置有讲究;有的为取粪方便,不愿对露天粪坑进行改造;有的因为新建了住房,不愿意为了改厕再改造新房。

六是有的农户把改厕与破坏风水、家人生病等关联,毁池毁厕现象时有发生;有的地方农村改厕只能在清明当日上厕板,放炮启用;有的地方家里有白事,三年不动土,影响了整体改厕进度。

5. 技术模式方面

一是有的地方照搬照抄其他地方经验,没有对改厕技术模式因地制宜进行技术改良和集成,与群众实际需求不匹配。

二是有的寒冷地区,统一推广使用水冲式厕所,在没有采取防冻措施情况下容易结冰。

三是有的缺水地区,推广使用水冲式厕所,没有注意节水,导致厕所建成后不好用。

四是有的地方在技术模式选择上没有进行试点示范,就盲目推开。

五是有的地方水冲厕所冲水量过大,导致化粪池因为水量过多,粪便难以完成厌氧发酵,达不到无害化处理要求。

6. 组织实施方面

一是有的地方未经调查研究,也没有制订详细的改厕实施方案,就仓促上马、大范围推开。

二是有的地方推进农村改厕搞刮风搞运动,盲目下指标、定任务,以行政命令强行推动。

三是有的地方把"发厕具"当成了"改户厕",给个"瓮"、发个蹲便器就了事。

四是有的地方没有考虑县域内村庄环境的差别,搞一刀切,推行一种改厕模式,简单完成了事。

五是有的地方没有考虑农村实际,招标采购手续过于繁琐。

六是有的地方新厕所还没有建好,就强行把原有的旱厕拆掉,引起群众不满。

7. 产品质量方面

一是缺乏相对成熟的产品标准,技术标准还不统一,改厕产品鱼龙混杂,一些产品质量次劣,使用不久就出现破损。

二是有的地方在产品采购和招标环节,对产品质量要求不明确,比如使用年限、厕具厚度等,导致设备材料质量不达标。

三是有的地方未严格按照标准对采购的厕具进行逐项验收,导致产品以次充好、蒙混过关。

四是有的地方简单采用最低价中标方式进行集中采购,导致偷工减料等情况时有发生。

五是有的配件不全,如双瓮式户厕便器上没有配橡皮塞,无法起到厌氧发酵和防蝇防臭的效果。

8. 施工建设方面

一是有的地方项目负责人对改厕的标准和要求一知半解。

二是有的地方对施工单位资质没有作出明确要求,对施工人员技术培训不到位。

三是有的地方将改厕项目层层转包,最后交给缺少经验和技术培训的人员手中,导致建设质量不高。

四是有的地方施工建设粗糙,不按照规范要求建设,如有的蹲便器位置安装不当,有的便器反向安装;有的为了不深埋水桶,把蹲便器安装很高;有的地基不实、回填土不细致等。

五是有的地方厕所改造后排味效果不好,如有的化粪池排气管过细、高度不够,有的甚至没有安装排气管,有的与化粪池之间未安装进粪管等。

六是有的地方修建水泥化粪池,防渗防漏处理没有做好。

七是有的地方为了避免清掏粪污,故意把化粪池地下部分凿个洞或做成漏底的,造成地下水污染隐患。

八是有的地方修建化粪池,封死了清掏口;有的仅留一个很小的口,只能用抽粪车往外抽,不方便群众自己清掏。

九是有的地方只注重改厕室内建设,却忽略了室外收集、管网等设施建设。

十是有的地方基层只下达改厕任务,但对改厕进展和结果不检查、不验收,对改厕实施过程缺乏有效监管,镇村干部对施工情况不闻不问。

十一有的地方项目监理单位未严格进行现场监理。

十二有的地方在验收过程中,不听取农户的使用评价,只简单检查工程是否完成。

9. 使用维护方面

一是有的地方为改厕而改厕,在项目设计阶段没有考虑厕所后续维修、服务等问题,改厕后设备损坏无人问、无人管、无处修。

二是有的中标企业只提供产品,不提供后续维修服务,有的虽然在合同中明确后续服务条款,但事后没有履约。

三是有的地方因配套建设的农村排污管网、污水处理设施及后续管理不到位,导致建成的水冲式厕所不能正常使用。

四是有的地方缺乏技术指导,群众对三格式、双瓮式等卫生厕所的使用、清理和维护技术与方法不清楚。

五是有的改厕户疏于日常清洁维护,造成卫生厕所不卫生,导致一些未改厕的农户不愿改。

六是有的地方农民群众将洗浴、厨房等生活污水一并排入化粪池,导致粪污达不到无害化处理标准。

七是有的地方农户冬季使用开水冲厕所,导致厕具炸裂、化粪池厌氧菌被破坏。

10. 粪污收集利用方面

一是有的地方在改厕过程中,没有提前考虑好厕所粪污收集和处理问题。

二是有的地方粪污治理责任不清,存在农户乱排、偷排粪污现象。

三是有的地方农户缺乏粪污清掏的相应设备和能力,但当地也没有及时建立粪污清掏处理服务队伍。

四是有的地方清掏费用较高,农民负担重。

五是有的地方粪污未按规定时限抽取,没有达到杀菌杀虫等卫生防疫要求。

六是有的地方缺乏储粪设施,清掏出的粪便在农业生产没有需求或没有出路的时候,不知如何处置。

七是有的地方建设的粪污配套储存设施处理能力过高,粪源不足。

八是有的农户简单将厕所粪污管道直接通到村内排水渠,导致粪污横流。

四、关于进一步加强我区农村厕所建设质量管理工作的通知

针对调研中发现部分市、县(区)农村改厕工作存在厕具质量不合格、厕所模式选择不当、技术标准把关不严、施工质量不过关、指导督导不力、后期管护不健全等问题,造成部分改建的厕所异味大、清掏麻烦、冬季闲置、排放不达标,使用率不高等问题,为进一步规范宁夏农村厕所建设工作,切实保障厕所建设质量,落实管护机制,将好事办好,2019年6月25日,宁夏改善农村人居环境工作领导小组办公室印发了《关于进一步加强我区农村厕所建设质量管理工作的通知》(宁农居办发〔2019〕7号),重点内容如下。

1. 认真开展自查整改

各市、县(区)要切实提高政治站位,充分认识改厕工作的重要意义,切实对照当前存在的问题,尽快开展农村改厕"回头看"和全面自查工作,按照"谁建设、谁负责、谁整改"原则,2019年之前住建等部门建设的卫生厕所,逐户排

查,逐一整改,确保改一个用一个;2019年之后农业农村部门建设的卫生厕所,要按照《宁夏农村厕所建设技术指导意见》要求,重点排查厕所模式是否合适,厕具和化粪池质量是否合格、冬季是否保暖,化粪池设置是否规范,水厕污水处理管网设施是否配套,整体安装是否规范,后期维护是否到位,农民是否会用等情况,发现问题立即整改。

2. 合理选择改厕模式

各市、县(区)要因地制宜,结合实际,新建厕所按照《宁夏农村厕所建设技术指导意见》要求,选择适合本地的改厕模式。对靠近城镇的村庄,采取以城带乡的方式,将厕所粪污排入城镇污水处理系统统一处理;对离城镇较远但居住比较集中、人口较多的村庄,建设集中式污水处理设施;对一般的村庄,先建设三格式处理设施或采用生物处理方式,为后期污水处理预留建设空间;对个别人口较少的偏远村庄,建设分散式、单户式处理设施或生物降解型生态厕所,粪污在储粪池内通过微生物分解实现无害化处理还田利用;对空置率高、计划要搬迁的村庄暂缓建设;对暂不具备条件,又有需求的村庄,适当加密公厕比例;禁止建设不保温的户外厕所。

3. 做好项目招标和监理

各市、县(区)要严格做好厕所改造项目招标,按照质量标准和技术参数,综合考量价格、资信等多方因素进行招标,确保所使用的厕具、配套设备、管材、化粪池等符合相关质量要求,严禁质量低劣产品中标。要建立第三方监理制度,委托第三方监理机构对施工企业资质、技术条件、施工方案进行审核监督,对厕具及化粪池等设施质量、施工进度、施工质量、安全风险、工程运行维护和环保达标等方面进行全方位监理。对建设单位、施工单位、设计单位、监理单位、运维单位实行公开公示,并明示其公开电话。

4. 严格管控改厕质量

各市、县(区)要强化责任意识,始终把厕所质量放到第一位,与企业签订供货合同、施工协议等,明确权责,并对所用产品按规定和标准进行抽样送检,产品及主要设备未经检验不得施工,发现使用不合格产品要按照合同进行追责处罚。厕具必须是资证齐全的厂家生产,且符合洁净、美观、耐用的要求。化粪池无论是一体式还是分体组装式或者水泥预制式都必须符合国家或行业标准技术要求。按照《宁夏农村厕所建设技术指导意见》要求,结合区域气候特点,做好地埋设施和隐蔽工程的施工,做到保温、防冻、防漏、防格间串水、防雨水倒灌和安全防护。要设立县、乡、村组厕所改造质量责任人和监督员,加强技术人员和农民的培训,加大农村改厕指导和监督力度,发现问题及时纠正,确保农民会使用会维护。

5. 严格项目竣工验收

厕所建设施工结束后,各市、县(区)要组织第三方或相关专家及群众代表逐户进行竣工验收,验收围绕改厕模式选择、产品质量、施工质量、安装规范、安全防护、环保要求、农户使用效果和满意度等方面逐村逐户验收,登记造册,建立档案。验收不仅有验收人员签字,更要有农户使用效果和满意度签字,对于质量不合格、农户不满意的,坚决不能通过验收,并责令限期整改;对于弄虚作假、欺上瞒下,将进行深入彻查,追责问责、追偿处罚。未通过验收的,不得拨付财政奖补资金。

6. 建立健全运维机制

各市、县(区)农村厕所改造(建)招标,要与中标企业签订建成后的运营维护协议,明确运营维护服务责任。农村公厕要明确管理责任主体,做到定期清扫、清理和巡查,发现故障及时维修。积极培育社会化、专业化、市场化维修服务力量,建立管护服务制度,定期清掏、定期检查,确保厕所正常使用。要采取培训、广播、电视、发放明白纸等群众喜闻乐见的形式,普及农村无害化卫生厕所知识,引导农民养成文明如厕习惯;要教育农民冬季采取保暖措施,避免水管冻结、设施冻坏,正确使用卫生厕所。

五、关于进一步加强农村厕所化粪池安全管理的通知

要点及要求:按照"谁主管谁监督、谁建设谁维护、谁所有谁负责"的原则,采取切实有效的措施,消除各类隐患,确保农村厕所安全有效使用。重点排查以下问题:

(1)化粪池窨井盖缺失或破碎的;

(2)化粪池窨井盖柔软易碎质量差、抗压力差,容易损坏的;

(3)化粪池窨井盖未安装锁具、螺丝、镶嵌条等固定装置,容易打开的;

(4)化粪池筒壁破损、外观损坏的;

(5)化粪池建设在房边、路边等,且高出路面,妨碍车辆行人通过的。

对排查出的问题建档立卡,明确整改时限和责任单位,对问题化粪池进行整改;充分运用多种媒体和宣传形式,采取开展专题活动、印发宣传资料、举办讲座和培训班、以案说法等多种方式,加强化粪池安全和应急防范知识的普及教育,增强农民群众安全使用和保护化粪池的责任意识。

六、关于开展农村已改造厕所问题大排查的通知

要点:

(1)进一步要求各地要高度重视厕所问题排查整改工作,重点对2019年之前各级财政支持已完成改造的农村户厕,按照"五级书记"抓乡村振兴的要求,迅速组织开展问题排查,突出数量、质量、管护三项内容,进村入户、逐厕排查;

(2)按照"谁建设、谁负责、谁整治"的原则,切实加强问题整改;

(3)建立定期调查机制、改厕质量举报机制、加强厕所建设管护知识宣传培训等长效机制,确保农村卫生厕所"建一个、成一个、用一个,一年四季都能用"。

七、关于加强农村改厕质量问题整改工作的通知

针对宁夏农业农村厅检查组对各地改厕质量实地监督检查中发现的改厕质量把关不严的问题,为进一步加强全区改厕质量,积极、科学、稳步推进改厕工作,确保把工作做实做细,确保把好事办好、实事办实,2019 年 11 月 11 日,宁夏改善农村人居环境工作领导小组办公室印发了《关于加强农村改厕质量问题整改工作的通知》,要求各地高度重视农村改厕质量,切实加强改厕质量问题整改,坚决把住产品质量和施工质量关,坚决杜绝重数量轻质量的情况发生,宁可慢一点,也要好一点,做到进度服从质量,数量服从质量,确保农村厕所建一个、成一个、用一个,一年四季都能用。

八、关于进一步加强全区农村卫生厕所管护工作的通知

为进一步做好全区农村卫生厕所管护,预防和控制病原传播,做实做细农村地区新冠肺炎疫情防控工作,2020 年 2 月 24 日,宁夏改善农村人居环境工作领导小组办公室印发了此文,要求各地从以下几个方面加强对全区农村卫生厕所的管护工作。

1. 加强厕所清洁卫生

引导农户加强厕所清扫,经常通风换气,不堆放杂物,保持清洁卫生,做到日扫日清,地面不见垃圾、便器不见粪渍。指导农户及时对便器、洗手台、门把手等可接触处进行消毒,使用过的厕纸应及时清理或装袋密闭收集。加强农村公共厕所日常卫生保洁,增加清扫消毒频次,公厕周边做到无垃圾、粪便、污水、杂物等。对确诊或疑似患者使用过的厕所必须按照防控要求进行专业消毒处理。

2. 加强厕所粪污管控

指导农户经常性检查厕所化粪池、下水道、排气管、排污泵等相关设施设

备,对破损、渗漏的要及时进行维修。三格式化粪池观察口和清粪口盖板要保持密封完好,粪污要按照国家标准进行无害化处理,一旦发生粪污外溢,要向外溢粪污中加入足量的生石灰或含氯消毒剂等进行处理,并及时清理。疫情防控期间应尽量减少不必要的清掏和转运。对于三格式卫生厕所,不得取用一、二格的粪液施肥,适时清掏第三格。确需清掏的,在清掏过程中,做好人员防护和粪污密闭转运,防止粪污外泄。严禁随意倾倒或直接排放粪污,未经处理或处理后达不到无害化要求的粪污不得还田。仍在使用旱厕的农户,每次如厕后要及时用细沙土、干炉灰、秸秆粉末等覆盖,防止粪便暴露,避免疫病经粪口途径进行传播。

3. 加强群众健康如厕习惯养成

充分利用农村大喇叭、村民微信群、改厕明白纸、宣传栏、标语条幅等形式,广泛宣传农村厕所革命的重要意义,提升农民群众改厕积极性主动性。加强文明如厕、厕所日常管护、卫生防病知识等宣传教育,引导农民群众养成良好生活习惯,倡导饭前便后勤洗手、讲卫生、疫情防控期间外出戴口罩、不随地吐痰、不随地乱扔垃圾、不随地大小便等健康文明生活方式,提高自我防护意识和能力。在疫情防控重点区域,倡导农户尽量不共用、混用厕所。

4. 加强农村改厕工作谋划

在做好疫情防控的前提下,及时对全年农村改厕工作进行谋划,总结分析和科学论证当地农村改厕技术模式,结合宁夏制定出台的系列改厕技术规范,做好改厕方案设计和施工计划安排。加强对改厕"明白人"和厕所运维人员的技术培训,提高基层农村改厕工作能力和水平。有条件的县(区)可以试点开展分散施工作业,避免开展人群聚集式的集中改厕,为确保顺利完成全年农村卫生厕所改造任务奠定坚实基础。

九、关于切实做好全区农村人居环境整治暨农村厕所改造项目安全生产工作的紧急通知

为全面提高农村人居环境整治暨农村厕所改造各项工程安全生产能力,在加快工程建设进度、按期完成年度目标任务的同时,确保不发生各类安全生产事故,2020年4月13日,宁夏改善农村人居环境工作领导小组办公室印发了此文(宁农居办发〔2020〕1号),要求各地要充分认识农村人居环境整治安全生产的重要性,扎实做好农村人居环境整治安全生产工作,切实落实农村人居环境整治安全生产监管责任。

1. 充分认识农村人居环境整治安全生产的重要性

各级党委和政府务必把安全生产摆到重要位置,树牢安全发展理念,绝不能只重发展不顾安全,更不能将其视作无关痛痒的事,搞形式主义、官僚主义。要针对安全生产事故主要特点和突出问题,层层压实责任,狠抓整改落实,强化风险防控,从根本上消除事故隐患,有效遏制重特大事故发生"。农村人居环境整治暨农村"厕所革命"工作是实施乡村振兴战略和全面建成小康社会的硬任务,也是提高农民群众生活质量,保障身体健康的重要举措。农村人居环境整治项目涉及千家万户,受新冠肺炎疫情影响,今年项目建设时间紧、任务重、难度大,特别是农村改厕工作涉及设备运输、管沟和坑道开挖、管道和化粪池安装、电器电线连接、沼气排放以及日常维护等安全生产诸多事项,施工现场面临的条件复杂多变,具有一定的风险。各地要深入贯彻落实习近平总书记的重要指示精神,进一步提高政治站位,充分认识农村人居环境整治项目安全生产的重要性,切实采取有效措施,强化安全生产责任意识,加强安全生产监督管理,消除各类隐患,杜绝各类安全事故发生。

2. 扎实做好农村人居环境整治安全生产工作

一是认真开展安全生产隐患排查和监督检查。各市、县(区)人居办要对辖

区农村人居环境整治暨农村厕所革命所有项目进行全面安全隐患排查,对从化粪池运输、机械设备使用、管道及化粪池安装到后期维护存在的安全隐患进行全面梳理,对排查出的问题建档立卡,确保"底数清、情况明、无遗漏",并明确整改时限和责任人,分类型、划区域,落实专人盯守。各市、县(区)人居办要成立农村改厕安全生产专项检查组,加大厕所改造过程的安全生产督查检查力度,对施工现场进行督导检查,对发现的问题要及时纠正并责令整改,并对整改情况进行"回头看",挂牌销号。对经过整改仍达不到安全生产要求的单位,坚决予以停工。对拒不整改的,要依法依规采取相关强制措施;对责任不落实、工作不到位、发生生产安全事故的,将严肃追究责任。

二是严格落实安全生产措施。在农村改厕和污水治理方面,要重点做好管道沟槽开挖、三格化粪池基坑开挖、垫层铺设、管道安装、坑道回填以及管道构筑物(窨井)的建造与安装全过程的安全管控。基坑开挖前要查清开挖区域地下是否有电缆、燃气管道和输水管线等设施,不得盲目施工,谨防破坏已有设施,特别是项目所在地基坑壁土质松软,有地下水渗出等情况,充分保证地下结构施工及基坑周边环境的安全,及时对基坑侧壁及周边环境采用支护进行加固和保护等措施,防止发生塌陷;在墙边和房基边施工要符合安全生产距离,谨防墙体倒塌和开裂。项目施工过程中要设置警示标志和隔离防护措施,现场施工人员要佩戴安全帽、安全绳等防护用具,特别是运输钢筋混凝土化粪池要坚决杜绝超重、超高、超宽运输和野蛮装卸,安装要严格检查起吊工具是否牢靠,吊斗下面不得站人,谨防人员伤亡。对埋入地下且已使用的三格化粪池进行维修时,要做好人员安全防护,佩戴安全绳,杜绝单人施工,必要时要佩戴呼吸装置,防范沼气中毒。化粪池建设施工结束后要加固并设置危险标识,并定期检查化粪池盖板,盖板破损的要及时更换,螺钉加固密封,防止孩童坠落。在村庄清洁及垃圾治理方面,整治农村私搭乱建、残垣断壁以及生活垃圾中转、压缩、运输、填埋,要严格按照技术规程操作,防止发生人员伤亡事故。各类垃圾运输及吸粪车辆要定期维护保养,确保安全行驶。

三是深入开展安全生产知识宣传培训。坚持"安全第一、预防为主",重点加强对施工人员、运维管理人员安全知识培训,增强其安全意识,提高其安全技能水平。在集镇设立咨询点开展安全宣传,在村务公开栏等重要场所悬挂、张贴安全标语和安全挂图,将农村改厕及化粪池安装安全使用常识宣传到户、传达到人,着力提高人民群众的安全意识。在建污水管网和农村改厕施工现场、大型化粪池、污水处理站周边张贴安全标牌、注意事项,做到安全危险时刻提醒。

3. 切实落实农村人居环境整治安全生产监管责任

按照"管行业必须管安全、管业务必须管安全"的要求,落实责任主体,谁主管、谁监督、谁负责。各地要建立完善农村人居环境整治暨农村改厕安全生产管理制度,完善施工过程安全管护和监管措施,定期进行安全生产排查,实行安全台账管理,完善安全事故应急处置预案。项目建设单位要督促施工单位严格落实安全生产措施,建立和完善安全事故应急预案,及时有效处理突发安全事故;项目施工单位要加强施工全过程的安全控制,对安全施工及工程质量负责;项目监理单位要强化现场监管,对安全施工及工程质量承担监理责任。工程建设过程广泛接受社会监督,确保农村人居环境整治暨农村改厕工作安全实施。

十、宁夏农村人居环境整治三年行动考核验收工作方案

为全面考核全区农村人居环境整治三年行动各项任务落实情况,发挥考核导向和激励作用,2020年10月14日,宁夏改善农村人居环境工作领导小组办公室印发了《宁夏农村人居环境整治三年行动考核验收工作方案》,明确了考核对象及内容、考核方法步骤、提出了有关要求。"厕所革命"作为其中一项考核内容,主要考核各县(区)户用卫生厕所普及率、合格率、使用率年度改厕

任务完成率,改厕档案、公共厕所建设情况、粪污治理情况等。

十一、"十四五"宁夏农村厕所革命提升行动实施方案

为扎实推进"十四五"宁夏农村"厕所革命"工作,切实提高改厕质量和实效,不断满足农民群众对美好生活的需要,2021年9月29日,宁夏回族自治区自治区农业农村厅、自治区乡村振兴局、自治区卫生健康委、自治区财政厅、自治区生态环境厅、自治区住房和城乡建设厅、自治区文化和旅游厅、自治区市场监督管理厅联合印发了此文,其要点如下。

1. 总体要求

以习近平新时代中国特色社会主义思想为指导,全面贯彻落实党中央、国务院决策部署,坚持以人民为中心的发展思想,立足新发展阶段、贯彻新发展理念、构建新发展格局、把握新发展要求,坚持数量服从质量、进度服从实效,求好不求快总原则,系统总结梳理农村厕所革命的经验和不足,巩固提升现有农村改厕成果,切实提高农村改厕质量和实效,稳步提高卫生厕所普及率,引导农民养成良好卫生习惯,不断提升群众生活品质,增强农民群众获得感幸福感。

坚持政府引导、农民主体。重点做好目标确立、方案制定、政策引导、示范带动等,坚持问需于民、为民而建,把农民满意 作为根本要求,贯穿农村厕所革命工作始终。

坚持因地制宜、分类施策。立足区情农情,结合各地实际,科学合理确定目标任务、政策措施、技术模式,既尽力而为又量 力而行。不搞"一刀切",不得层层加码,杜绝形象工程。

坚持规划引领、统筹推进。树立系统观念,与乡村建设规划相衔接,科学谋划布局,合理安排建设时序,统筹推进农村改厕 与生活污水治理、村容村貌提升等人居环境整治提升重点任务。

坚持建管并重、长效使用。按照数量服从质量、进度服从实效要求,细化推进措施,明确工作责任,健全长效机制,科学稳步推进,持续巩固提升。

2. 主要目标

到2025年,全区农村卫生厕所普及率进一步提高,达到85%以上。厕所粪污有效处理和资源化利用水平显著提升,长效管护机制不断建立健全,农民群众良好卫生习惯和健康生活方式基本形成。城镇近郊村和基础条件较好的村庄,卫生厕所基本普及;基础条件具备、农户有改厕意愿的村庄,厕所应改尽改;居住分散、基础条件相对薄弱的村庄,卫生厕所普及率稳步提高。

3. 重点任务

一是合理确定改厕目标。在完成厕所摸排的基础上,全面了解农民改厕需求和意愿,统筹考虑自然条件、村庄基础条件等,各县(区)采取自下而上方式,逐村确定年度改厕计划,逐级申报统计,科学确定县域"十四五"农村户厕改造目标任务。

二是科学编制专项方案。结合各地乡村振兴规划、农村人居环境整治提升方案,以县域为单位编制"十四五"农村"厕所革命"专项实施方案,明确年度任务、技术路线、推进措施、要素保障等。统筹生活污水治理、抗震宜居农房改造、美丽乡村建设等。各类项目,分阶段、分批次实施农村厕所革命,优先支持残疾人、军烈属等家庭卫生厕所改造。

三是选择适宜技术模式。对城郊村、乡镇所在地及中心村,建设完整下水道式卫生厕所;对居住集中的村庄,建设集中管网和污水处理设施;对居住分散的村庄,大力推广钢筋混凝土三格化粪池和节水防冻型改厕技术。引导新改建厕所入户进院、入室进屋。严格执行国家农村改厕有关标准和宁夏技术规范文件,研究制定宁夏农村厕所建设与管理办法。培育和引进粪污资源化利用社会化服务队伍,配备粪污清运设备,采用无害化处理+定期清掏的方式,就地消纳、综合利用,探索与化肥减量增效互补,实现厕所粪污处理与绿色农业发展。

四是强化改厕质量管控。严把改厕选型、建设施工、产品质量、竣工验收"四个关口",严格执行改厕产品备案、随机抽检、黑名单、第三方监理"四制管理"制度,严守乡镇自验、县级复验、市级核验、区级抽验"四级验收"程序,强化农村改厕全过程监管。严格确定农村改厕选材质量标准和技术参数,加大产品质量市场监管力度,打击质量低劣产品,从源头上保证改厕质量,确保农村卫生厕所改一个,成一个,用一个,一年四季都能用。

五是健全长效管护机制。建立农村厕所规范化建设、管护和使用制度,健全农村厕所维护、日常巡检、设备维修、粪污清理等管护体系,推广"互联网+智慧运维"服务平台,鼓励将农村改厕项目整体打包一体化建设、一体化运维、一体化管护。充分发挥政府引导、群众主体作用,探索"政府拿一点、集体出一点、群众掏一点、社会担一点"的付费机制,引导当地农民或村集体利用财政支持购买的吸污车等设施设备,组建运维服务队伍,实现农民自我管理、自我服务、自我监督。

六是认真落实问题整改。坚持实事求是、问题导向,对 2013 年以来各级财政支持改造的农村户用厕所逐乡逐村逐户进行拉网式排查,精准核实问题户厕数量,建立问题清单、责任清单、整改台账,2021 年 9 月底前全面完成厕所问题摸排,边查边改,持续推进。对不能用的,结合农民意愿纳入改造提升计划;对不好用的、不配套的,及时维修、配套完善,努力做到立行立改;不能马上整改的,做好群众工作,逐步解决,"十四五"期间持续抓好分类整改。建立农村厕所革命"回头看"制度,定期对已改户厕和公厕开展抽查检查,发现问题及时整改。

第二节 技术标准

一、宁夏农村厕所建设技术指导意见

为深入贯彻《宁夏农村人居环境整治三年行动实施方案》要求,科学指导农村厕所建设与管理,提高农村厕所建设质量,推进农村"厕所革命"。2019年4月8日,宁夏改善农村人居环境工作领导小组办公室印发了《宁夏农村厕所建设技术指导意见》(宁农居办发〔2019〕3号),指导宁夏农村户用厕所和公共厕所的新建、改建工作。亮点内容如下。

1. 基本原则

因地制宜、前瞻性、建管并重、"先建后破"。

2. 总体要求

农村厕所建设必须符合建设要求、卫生要求和环保要求,实用、美观、安全、卫生,粪污实现无害化处理和资源化利用,排放符合环保达标要求。

3. 建设类型

从厕所粪污无害化处理、资源化利用角度出发,将农村厕所建设类型分为环保型、资源型和人工资源型三种,是全国首次。

环保型:指能接入完整下水道系统水冲式厕所,粪污通过化粪池,接入后端的市政排污管网,统一排入城市污水处理系统。

资源型:指能接入小型污水集中处理系统水冲式厕所,粪污通过化粪池,接入后端的村污水管道,集中排入小型污水集中处理系统,可入湖泊湿地,可做生态用水,实现减量化、资源化。

人工资源型:指单户或联户三格式化粪池厕所,粪污通过三格式化粪池,采用人工清理,渣粪还田或生产有机肥使用。

4. 建设条件

农村户厕应根据农户的实际需要,尽可能在原有农户房屋内部改建。室内无改建条件的,也可在房屋建筑外部或在自有院内建设、改造。室外新建户厕应选址在原有住房的背阴面或侧面;以不影响村庄未来规划、环境整治效果为宜;应设置在常年主导风向的下风向;同时考虑化粪池的设置位置、清掏条件等因素。

厕屋整体结构完整,室内清洁、无粪便暴露,基本无臭、无蝇。厕所具备"五个一",即一盏灯、一个篓、一卷纸、一把刷、一个桶,化粪池粪渣及污水严禁直接排入雨水管道、河道或沟塘内。在室内改建的净面积不小于 1.81 m²,新建设的净面积不少于 3.85 m²,且保证 24 h 可以使用。

5. 建设内容

户厕化粪池:总容积 2.0 m³ 以上,三池容积比原则为 2:1:3;化粪池应选用无害化、防腐性能好、防渗漏、寿命长、便于维护的材料,且应当是一体式三格化粪池,便于安装。

户厕便器:宜选用白色陶瓷或不锈钢节水型便器,便器排污孔直径不小于 100 mm,以便器下口中心为基础,距后墙的距离不小于 300 mm,距边墙不小于 400 mm。

保温:冬季在寒冷地区,厕所应采取保温御寒措施,给水管道和户厕化粪池必须建在 1.5 m 以下,屋内应保持 0℃以上。

6. 卫生要求

农村厕所卫生应符合《农村户厕卫生规范》(GB 19379—2012)要求。化粪池应及时清掏。清掏的粪渣与粪皮应就地或就近进行高温堆肥等方式无害化处理,处理效果应符合《粪便无害化卫生标准》(GB 7959—2012),未经过无害化处理的粪便不得直接用于施肥。

7. 环保要求

经过处理后的粪污排放要求应符合宁夏回族自治区地方标准《农村生活污水处理工程技术规程》(DB64/T 1518—2017)规定。如有新标准则按新标准执行。

8. 运行管护要求

一是各地要明确公共厕所管护标准,做到有管护制度、有维护资金、有看护人员、有考核机制,并设立公开监督电话,形成规范化的运行维护机制。

二是通过组织开展农村户厕的使用与管护知识技能的宣传教育与培训，保证户厕的正确使用。

三是要对农村户厕建设实施档案管理，加强日常维护管理工作，要有户厕维护管理的责任制度，保障相关配件的供给与及时维修，保证设施的完好及正常使用。

四是不使用粪肥的农村，要建立对粪液、粪渣等进行集中收集、清运的管护机制，保证处理后的粪便无害化、资源化，以促进环境的友好。

二、宁夏农村节水防冻型地下储水式电动高压冲水厕所建设技术性指导意见

为有效破解宁夏农村水冲式厕所正常越冬和节约用水的难题，科学指导农村节水防冻厕所建设与管理，宁夏农业农村厅通过对宁夏同心、西吉、彭阳等地农村卫生厕所节水防冻技术应用推广的实践经验进行总结提炼，制定并于 2020 年 3 月 20 日印发了《宁夏农村节水防冻型地下储水式电动高压冲水厕所建设技术性指导意见》[宁农(社)发〔2020〕4 号]。亮点内容如下。

1. 基本结构及技术特点

节水防冻型地下储水式电动高压冲水厕所主要由防冻便器、储水桶、潜水泵、电路开关和化粪池 5 个部分组成，具有结构简单，技术成熟，群众容易接受，使用方便，节水、节电、防冻、防臭效果显著，可用于替代目前广泛使用的自来水管和便器水箱等传统冲水装置的卫生厕所，实现节水防冻的目标。技术特点在第一章已有叙述，此处不再赘述。

2. 操作规范

如厕后，按下便器上方的高压冲水按钮，地下储水箱内的潜水泵将水泵入便器内进行冲洗，冲洗时间可根据实际情况冲水 1~3 s，直至冲洗干净。冲水完毕后，清水管内遗留的水在重力的作用下会回流至储水桶内。粪污通过排污管

进入三格式化粪池。定期对潜水泵及电缆线进行检查,确保设备安全使用。定期对便器和厕所进行保洁,禁止往便器内扔厕纸等杂物。要根据罐水消耗情况,及时补充自来水、窖水等清水,也可将日常洗菜、淘米等废水灌入储水桶,以节约水资源。

3. 适用范围及配套技术

科学推进节水防冻型地下储水式电动高压冲水厕所建设,要坚持因地制宜,分类指导,以群众认可、群众接受、群众满意为前提,通过试点示范,帮助群众解决室内或室外水冲式厕所防冻和节水问题,降低群众如厕成本,实现节能减排和水资源循环利用的目标,取得较好的经济效益、社会效益和生态效益。

一是寒冷地区新建厕所。根据国家《民用建筑设计通则》(GB 50352—2005),我国共划分为 7 个主气候,宁夏全境被划为寒冷地区(主要气候特点是冬季较长且寒冷干燥,最冷月平均温度在 0~10℃,日平均温度≤5℃的天数在 90~145 d),因此,农村厕所等建筑物的设计和建设必须具备防冻措施。特别是在不具备供暖条件的房屋实施厕所改造应选择节水防冻型厕所,以解决传统厕所自来水管和马桶容易结冰冻坏的问题。川区一些候鸟式农户,冬季不在农村居住,可推广应用节水防冻装置,并与"室内主房水冲式+三格式化粪池"厕所、"室内主房水冲式+完整下水道"等厕所同步建设。

二是缺水地区新建厕所。主要适用于宁夏海原县、同心、红寺堡、原州区、西吉县、泾源县、隆德县、彭阳县、中宁县和沙坡头区的山区部分,以及自来水水压不足,间歇性供水,可充分利用雨水、窖水等生活性用水的地区。

三是部分户外厕所改建。按照《宁夏农村厕所建设技术指导意见》,宁夏主推的主房室内水冲式厕所防冻效果较好,但部分地区已建成的室内侧房或室外独立式卫生厕所,由于无法有效解决防冻问题,可利用节水防冻装置进行改造,以节约建设成本并达到节水防冻之目的。前期建设的传统型水冲式卫生厕所因群众惜水惜电等传统习惯,使用率不高的地区,也可宣传推广节水防冻型厕所。

三、宁夏农村钢筋混凝土三格式化粪池建设技术指导意见

为规范钢筋混凝土三格式化粪池建设质量,宁夏农业农村厅、住房和城乡建设厅研究制定了《宁夏农村钢筋混凝土三格式化粪池建设技术指导意见》,规定了钢筋混凝土三格式化粪池的基本结构与参数、施工方法、使用和管理等,明确了建造方法、建造技术要点、施工技术要点等,为指导建造和使用钢筋混凝土三格式化粪池提供了有力技术指导。具体内容第一章有详细介绍,此处不再赘述。

四、宁夏回族自治区农村厕所改造项目考核验收办法(试行)

为确保宁夏农村厕所改造项目顺利实施,完成农村厕所改造任务、落实自治区农村厕所改造规范和标准、提高农村厕所改造质量、规范农村厕所改造程序,确保资金使用安全,农村户厕"建一个、成一个、用一个、一年四季都能用",2019年11月11日,宁夏农业农村厅组织技术人员起草并印发了《宁夏回族自治区农村厕所改造项目考核验收办法》(试行)(以下简称《办法》)。《办法》紧紧围绕农村改厕"三率一度"(合格率、完成率、使用率和群众满意度)要求,明确了考核验收的对象、依据、内容、验收程序等,要求从厕屋及厕具建设、化粪池及配套设施建设、档案及内业管理、原旱厕拆除情况、用户满意度5个部分27项指标开展验收。考核验收内容及验收程序在前面"结果评价篇"已做叙述,此处不再赘述。

第三节　工作部署

1. 2019年7月26日,宁夏农业农村厅一级巡视员金韶琴主持召开农村人

居环境整治工作例会,听取农村"厕所革命"工作开展情况,安排部署下一阶段农村"厕所革命"工作。

会议认为,各市、县(区)全面落实全国及宁夏农村人居环境整治暨农村"厕所革命"现场推进会精神,因地制宜制订方案,试点示范先行,科学确定改厕模式,隆德县采用室内一体式、室内隔断式、室外独立式、室内外联通式"四种模式";彭阳县等县(区)召开户厕改造产品展示评选会,邀请农户参加评选打分,筛选符合实际、经济适用、简易方便、农户认可的改厕模式;盐池县以室内水冲式厕所为主,全面推进户内水冲式马桶+户外三格式化粪池污水处理改厕模式;贺兰县、泾源县坚持农村改厕与污水处理统筹考虑,一体化推进,取得积极成效。

会议指出,灵武市、西吉县、惠农区、同心县、青铜峡市等县(市、区)目前改厕完成率仍在 5%以下,要认真督导,进一步提高思想认识,做好宣传发动工作,加快改厕进度、保证改厕质量。未确定技术选型的县(区)建议到外地学习。

会议强调,近期要重点做好四个方面工作:

一是提高政治站位。要深入贯彻习近平总书记关于"厕所革命"的重要指示批示精神,统一思想,统筹协调,指导各市、县(区)齐心协力做好农村厕所革命这件实事好事。

二是树立标杆意识。对隆德县、贺兰县、盐池县等改厕工作扎实的县进行表扬,农村社会事业处每月底统计各地改厕进度,对改厕进度缓慢的县进行通报,奖优罚劣。

三是突出技术重点。按照《宁夏农村改厕技术指导意见》技术规程,加大技术指导,环保站要认真了解各地改厕质量情况,及时发现问题,尽早督促整改,做到建一个、成一个、不留隐患。

四是加强宣传培训。环保站具体负责改厕技术培训,深入基层一线,重点培训县、乡、村三级干部,积极发动群众参与到改厕工作中。

2. 2019年8月27日,宁夏农业农村厅一级巡视员金韶琴主持召开农村人居环境整治工作例会,认真总结近期农村"厕所革命"推进工作,深入分析研究当前农村"厕所革命"存在的突出问题,进一步安排部署农村"厕所革命"推进工作。

会议认为,要针对甘肃民勤厕所革命的考察调研,结合宁夏实际,认真研究借鉴"民勤经验",成功复制民勤的技术模式、工作机制、奖补方式、宣传动员及运维管理等方面的好经验好做法,推进宁夏农村"厕所革命"。

会议强调,近期要重点做好四个方面工作:

一是加快改厕进度。继续强化改厕情况调度,对任务完成率不足10%的县(区)分管领导计划进行约谈,同时按照分片包干责任制,迅速派人进驻县(区)督促工作进度,苏林同志负责督导西夏区,罗锐同志负责督导灵武市,虞景龙同志、王洪波同志负责安排各片区责任人到县(区)驻点督导。

二是强化改厕质量。农村社会事业促进处负责制订方案,对2019年以前改造厕所进行排查。环保站对今年改厕产品和施工质量进行排查,发现存在质量问题的要下达整改通知。

三是加强技术培训。环保站负责对农业农村厅21个厕所革命调研督导组做好改厕技术指导和服务,必要时召集联络人先培训;要围绕学好用好民勤经验和《宁夏农村厕所建设技术指导意见》等内容,逐县(区)培养一批技术"明白人",争取每村培养1~3名改厕技术"明白人"。9月底前完成对各县(区)改厕技术的培训工作。

四是强化宣传引导。环保站编制宁夏农村改厕知识问答等宣传资料,组织干部开展"厕所革命"宣传活动,通过入户宣传讲解、对比算账、召开村民代表大会等方式,多层次、全方位宣传农村改厕政策和技术要领,引导农民群众由"要我改"转变为"我要改",调动农民群众改厕的积极性、主动性。

3. 2019年10月10日,宁夏农业农村厅一级巡视员金韶琴同志主持召开农村人居环境整治工作例会，认真总结近期农村人居环境整治暨厕所革命工作开展情况，深入分析存在的突出问题，安排部署下一阶段工作。

会议认为，近期全区农村人居环境整治暨"厕所革命"进度和质量明显提升，主要得益于三个方面的扎实工作：

一是深入扎实学习"民勤经验"。全区认真学习借鉴民勤改厕经验，进一步坚定了农村改厕"建一个、成一个、用一个"的信心和决心。

二是深入扎实开展改厕技术培训。农业农村厅组织专家团队在全区 22 个县(市、区)同步举办农村改厕"明白人"专题培训班，累计培训 25 场次，受培训乡镇 175 个，行政村 2 200 个，培训人员 5 000 余人，实现了每个行政村有 2~3 名改厕"明白人"，环保站马建军站长带头讲 7 场次。

三是深入扎实抓好工作进度和质量。农业农村厅派出督查组先后开展 5 轮村庄清洁行动督查，明察暗访 22 个县(区)66 个乡镇 198 个行政村，督查暗访效果明显，全区农村人居环境较年初有明显改观。组织改厕质量检查组对盐池县、大武口区、惠农区、灵武市等地开展农村改厕质量抽检，切实提高农村改厕质量。

会议要求，当前，全区厕所改造有效施工时间不足 30 天，各地农村厕所改造速度明显加快，要防止出现重数量轻质量的情况发生，宁可慢一点，也要好一点，改厕进度要服从质量，确保改厕工作取得实效。

会议强调，近期要重点做好三个方面工作：

一是组织开展改厕质量检查。按照《宁夏农村厕所建设技术性指导意见》，重点对改厕选址、改厕模式、产品质量、施工质量、安装规范、安全防护及用户满意度等方面进行抽查，抽查比例不低于改造户数的 10%。两个检查组分别由环保站李文波任第一抽检组组长，能源站马京军任第二抽检组组长，抽检组成员不能更换，每人要准备一把尺子、一个本子、一个册子随身携带。要坚持原则、不走过场，严把技术模式关、质量关、验收关，做到"一把尺子量到底"。要认真核查改厕产品和施工方相关资质,重点关注三格式化粪池材质、体积、选址、埋深、地基、施工、保暖、井盖等技术参数。

二是强化问题整改落实。对检查发现的问题要及时下达整改通知书,并督促限期整改落实,要做到整改不到位不放过、责任不落实不放过、群众不满意不放过。检查发现不合格产品要立即停止使用,无资质施工单位要立即停工,并列入黑名单并通报全区。要严把厕具资质证书、检验报告、采购合同、施工质量、运营维护、档案记录、第三方评估等质量控制关键环节。要开展回头看,改厕问题不彻底、整改到位不得拨付补助资金。重点关注改厕入户率、合格率、使用率、群众满意率以及已建厕所排查率、整改率。对改厕进度缓慢的青铜峡、原州区、红寺堡、沙坡头、利通区等县(区),农村社会事业促进处、环保站、能源站要按照分片责任制,协调相关调研督导组,加大督导力度,加快工作进度。

三是统筹做好几项重点工作。①由农村社会事业促进处牵头,能源站、环保站配合,重点围绕村庄清洁行动、"厕所革命"选择 2~3 个县,认真总结典型经验,10 月底在全区进行综合性宣传报道。②由环保站具体负责,一周内修改完善农村改厕明白卡、全区农村改厕项目考核验收办法、一村一册、一户一卡等改厕档案样表,统计全区所有改厕产品供应企业及产品、施工企业相关资料。③由农村社会事业促进处负责,筹备全区农村人居环境整治工作联席会议,邀请宁夏财政厅、住建厅、生态环境厅、自然资源厅、卫健委等相关厅局负责人参加,督促农村垃圾治理、污水处理、村庄规划等农村人居环境整治重点落实,同时做好全区改厕进度数据核实和抽查。

4. 2019 年 12 月 30 日,宁夏农业农村厅一级巡视员金韶琴同志主持召开农村人居环境整治工作例会,听取了近期督导调研五市农村人居环境整治情况的汇报,安排部署了下一阶段农村人居环境整治暨"厕所革命"工作。

会议指出,2019 年,全区上下认真贯彻落实国家和宁夏关于农村人居环境整治的安排部署,深入学习浙江"千万工程"和甘肃"民勤经验",扎实开展试点示范、有序推进重点工作、不断完善基础设施,全区人居环境整治取得阶段性成效。但也存在着个别市县思想认识不到位、工作进展不够平衡、农村改厕质量不过关、垃圾污水治理不彻底、宣传发动不到位、长效机制仍不健全等问题。会议强调,要坚持问题导向,紧盯目标任务,聚焦关键环节,扎实推进农村人居环境整治。近期重点做好以下六个方面工作。

一是再学习、再认识、再提高。深入贯彻习近平总书记关于农村人居环境整治重要指示批示精神,认真学习《宁夏农村人居环境整治三年行动方案》,提高政治站位,强化责任担当,引导基层深刻领会甘肃"民勤经验",确保农村改厕建一个、成一个、用一个、一年四季都能用。

二是坚定信心、坚持标准、质量第一。严格按照《宁夏农村改厕技术指导意见》,科学指导县(区)农村改厕工作。加强农村改厕质量管控,适时开展质量抽检和第三方监理,发现问题,及时下发整改通知,确保数量服从质量,进度服从质量。

三是强化县(区)主体责任、群众主体作用。进一步落实"五级书记"抓农村人居环境整治责任制,压实县(区)责任,通过致农民群众公开信、宣传标语、微信微博、电视广播等形式,加大宣传力度,提高农民群众的主体作用。

四是数量任务不减、干劲不减。2019年全区尚未完成改厕3.2万户、2020年全区农村改厕计划任务12.5万户,合计15.7万户。要高度重视,指导县(区)尽快摸排改厕需求底数,细化实化工作措施,确保如期完成农村改厕任务。

五是抓典型、抓示范、抓宣传。认真总结农村人居环境整治典型经验和先进模式,以点带面,示范推广。充分利用宁夏日报、宁夏电视台等主流媒体深入开展宣传发动,不断营造全社会人人关心支持农村人居环境整治的良好氛围。

六是全面开展农村改厕验收。农村改厕验收工作分两大组验收,具体由环保站负责吴忠市、固原市,能源站负责银川市、石嘴山市、中卫市。各验收组尽快抽调熟悉业务的干部组成验收小组,每大组不少于9人,每小组不少于3

人,统一开展培训,确保验收方法一致、验收标准一致,力争 2020 年 3 月底结束验收工作。

5. 2019 年 11 月 15 日,宁夏回族自治区主席、自治区改善农村人居环境工作领导小组组长咸辉主持召开全区改善农村人居环境工作领导小组会议,自治区副主席、领导小组副组长王和山、刘可为出席会议,自治区领导小组成员单位主要负责同志和五个地级市政府分管负责同志参加会议。会议传达了习近平总书记关于农村人居环境整治的重要指示精神;分别听取了宁夏农业农村厅、住房和城乡建设厅、生态环境厅、自然资源厅关于全区农村人居环境整治暨"厕所革命"、农村生活垃圾处理、生活污水治理、村庄规划工作情况的汇报,安排部署了下一步工作。现纪要如下:

会议强调,开展农村人居环境整治是实施乡村振兴战略的第一场硬仗,是促进乡村全面振兴的综合性战略举措,也是顺应人民群众期待的民生工程,事关广大农民根本福祉,事关农村社会文明和谐,党中央高度重视,习近平总书记亲自部署、亲自推动,国家多次召开会议安排有关工作,必须不折不扣完成好。

会议指出,近年来,宁夏各地、各部门认真贯彻落实国家和宁夏关于农村人居环境整治的安排部署,扎实开展试点示范、有序推进重点工作、不断完善基础设施,全区人居环境整治取得阶段性成效。累计建设改造美丽小城镇 104 个、美丽村庄 588 个;全区 86% 的乡镇编制了总体规划,65% 的村庄实现生活垃圾治理,88% 的畜禽粪污得到资源化利用;建制村全部通上了硬化路,自来水普及率达到 85%,有线电视实现户户通,4G 网络覆盖率达到 98%,累计完成危窑危房改造 45 万户、安装太阳能热水器近 80 万户。但也存在思想认识有待提高、工作进展不够平衡、长效机制仍不健全等突出问题。要紧盯目标要求,突出重点任务,聚焦关键环节,高质高效推进宁夏农村人居环境整治,因地制宜建设生态宜居的美好家园。

会议要求,要主动对标对表中央要求,按照宁夏安排,紧盯"厕所革命"、垃圾处理、污水治理、村容村貌提升等重点任务,细化实化工作措施,确保2020年全面完成农村人居环境整治三年行动各项目标任务。

一要坚持分类施策、精准发力。根据经济条件和农村实际,实事求是地开展好农村人居环境整治,找准切实可行的整治内容和路径措施,尽力而为、量力而行,聚焦重点、循序渐进,全面盘点进度,认真对账查账,逐项开展评估,补齐短板弱项,加快工作进度,确保农村人居环境整治有力有序、扎实有效开展。

二要坚持因地制宜、规划先行。突出规划引领,严格依规推进,统筹考虑土地利用、村庄布局、产业发展、人居环境等因素,编制好"多规合一"的实用性村庄规划,避免千村一面、"一刀切",为科学有效长远地改善农村人居环境奠定基础。

三要坚持突出重点、稳妥推进。宁夏各地、各部门要结合实际、聚焦重点,坚持由易到难、由点到面,稳妥开展农村"厕所革命",分地区、分类型、分特点,不断探索完善经验,科学确定改厕模式,经过实践检验后再稳步推广。扎实开展垃圾污水处理,根据农村不同区位条件、村庄人口聚集程度、垃圾污水产生规模,科学选择技术成熟、经济适用、维护简便、务实管用的治理模式。持续提升村容村貌,突出乡土特色,体现田园风貌,注重文化传承,建设生态宜居美丽乡村。

四要坚持建管并重、长效运行。按照政府购买服务、社会多元投入、群众广泛参与的模式,探索建立共建共享共管机制,完善财政补贴和农户付费合理分担、财政资金撬动社会资本的机制,多渠道筹措资金,既要加快农村基础设施建设,也要强化设施设备管护保障,确保长期稳定运行。

五要坚持凝聚各方、合力推动。落实市县属地责任。党政主要负责同志要履行好第一责任人责任,把准工作方向,加强研究部署,紧盯目标任务,早布置早安排,保质保量完成各项任务。形成部门工作合力。宁夏农业农村厅要发挥好牵头抓总作用,加强统筹协调、督导检查,推动各项工作落实。自治区住房和城乡建设厅、生态环境厅、自然资源厅等部门要根据任务分工,推进牵头任务落实。宁夏发展改革委、财政厅等部门要加强资金项目整合,加大资金投入力度,保障农村人居环境整治顺利推进。发挥农民主体作用。广泛发动、组织、依靠、引导农民群众,积极投身农村人居环境整治全过程,共同建设美丽乡村、幸福家园。

6. 2020年1月13日,宁夏农业农村厅一级巡视员金韶琴同志主持召开农村人居环境整治工作例会,听取近期农村"厕所革命"调研情况及村庄清洁行动工作汇报,认真总结了近期农村改厕项目验收工作,进一步细化了验收标准,统一了验收程序和方法,并就下一阶段全区农村人居环境整治工作进行了安排部署。

会议认为,目前全区最高气温已低于0℃,最低气温-15℃左右,基本处于全年最冷时段。严寒天气是检验2019年全区新改建的11.8万户农村户用卫生厕所能否正常越冬的关键时期,也是开展农村户厕改造项目验收工作的重要时期。改厕验收是检验我们前期工作成功与否的关键一招,要按照"一年四季都能用"的基本要求,认真开展农村厕所改造项目验收工作,全面甄别无法越冬的卫生厕所,力争在3月底前完成全区农村改厕项目验收工作。

会议强调,宁夏农业环境保护监测站近期在彭阳县试点开展的农村改厕项目验收工作,为下一步宁夏全面开展的改厕验收工作积累了宝贵经验,要认真总结推广,助推全区验收工作顺利进行。要切实将验收责任担当起来,不能埋没改厕成绩,也不能包庇问题,要严格按照《宁夏农村厕所改造项目考核验收办法》进行验收,确保改厕质量。重点做好以下几方面工作。

一要积极协调宁夏生态环境厅、卫生健康委派出专家参与全区农村厕所改造项目验收工作。特别是对完整下水道厕所的验收工作,要积极采纳宁夏生态环境厅专家意见。由农村社会事业促进处苏林同志负责协调宁夏卫生健康委选派专业人员共同开展农村改厕验收工作。

二要严格按照验收程序进行验收,乡镇和县(区)实行逐村逐户自查和验收,地级市和自治区分别按照不低于10%的比例开展核查和抽查,验收工作应做到"五个全覆盖",即:覆盖所有乡镇、行政村、改厕模式、产品类型、施工企业,抽查对象不重复,分级验收不替代不合并。对群众不满意不接受、冬季无法正常使用、厕屋选址不当等卫生厕所实行一票否决。乡村公厕要逐个进行验收。

三要始终坚持将厕所好用、农民满意作为根本验收条件,要按照比例认真抽查核实,严格查验改厕档案资料,切实摸清各县(区)、乡改厕完成率、使用率、合格率、满意率。验收单要由宁夏验收组及县、乡、村改厕责任人签字,验收结果实行验收方、建设方和改厕户三方认可,对未通过验收的要责令限期整改。在开展全区农村厕所改造项目验收的同时,要尽快建立改厕产品、施工企业"黑名单",禁止不合格产品和施工企业进入宁夏市场。

四要强化经费和人员保障,宁夏环保站、能源站要动员干部职工积极参与验收工作,并按照规定充分保障验收人员食宿及租车费用。各验收组成员要严守中央八项规定、宁夏若干规定精神和"基层减负年"具体要求,轻车简从,务实俭廉。

7. 2020年3月20日,宁夏农业农村厅一级巡视员金韶琴同志主持召开宁夏农村人居环境整治工作例会,会议传达国务院农村人居环境整治大检查中发现的突出问题,并就下一阶段全区农村人居环境整治工作进行了安排部署。

会议指出,国务院大检查发现的突出问题,这些问题在宁夏一些县(区)也不同程度存在。比如在改厕方面,改厕产品质量和施工监管、运行维护不到位,改厕质量不高;在污水治理方面,治理方法、运营管理不到位;在垃圾治理方面,收运处置体系运转不规范、保洁机制未充分发挥作用,非正规垃圾点整治出现反复等。要督促各地对照国务院大检查发现的问题,认真开展自查自改,对标对表,找准问题症结,及时彻底整改。

会议强调，推进农村人居环境境整治暨农村"厕所革命"对加快改变乡村发展面貌、改善农民生产生活条件、补齐乡村建设短板和全面建成小康社会具有十分重要的意义，要进一步提高政治站位。深入贯彻习近平总书记重要指示批示精神，充分认识推进农村厕所革命的长期性、复杂性和艰巨性，增强责任感、使命感和紧迫感，精准发力，稳扎稳打，循序渐进，以更大的决心、更有力的措施，积极科学稳妥地推进农村改厕工作，确保保质保量完成年度目标任务。要进一步提高改厕质量。按照"管行业就要管质量，管安全生产"的要求，坚持"好"字当头、质量优先、不断提高改厕质量。要落实《关于进一步加强全区农村"厕所革命"产品供应和施工企业管理的通知》有关工作要求，对改厕产品、施工企业实行负面清单管理，严控产品质量关，严把施工质量关，严格工程监理关，切实保障改厕质量安全。要进一步提高精品意识。小厕所关系大民生。农村改厕是增强群众获得感幸福感的重大民生工程，要树立精品意识，坚持高起点规划和高质量建设，努力打造精品工程，切实把民生工程建成民心工程，把好事办好、实事办实，经得起时间和群众检验，不断提高群众满意度。

会议要求，近期要重点做好四个方面工作：

一是强化改厕验收及质量巡查。宁夏环保站、能源站两个单位要对各自责任片区开展改厕项目验收，站长是片区改厕验收工作第一责任人，现场验收，现场签字。要认真对照验收标准，全面甄别"问题"厕所，确保改厕质量"四级验收"工作不走过场、不打折扣，做到谁负责验收，谁负责监督整改，督促各地限期整改，一抓到底。要加强在建农村厕所质量巡查，针对当前改厕产品质量良莠不齐的现实问题，及时督促各地做好改厕产品送检，抽查核查产品质量，对使用不合格改厕产品的要立即叫停，确保改厕数量和质量双提升。

二是强化改厕质量全程跟踪监管。近期各地农村改厕已陆续开工，宁夏环保站要及时跟进，加强改厕质量监督和指导，同时，要尽快完成全区农村厕所改造第三方质量监管项目招标事宜，及时开展第三方全程跟踪质量监管，严把改厕质量关。

三是强化改厕"明白人"培训。注重培训工作的针对性和实效性,举办改厕"明白人"现场培训,深入基层一线,对县、乡、村三级干部进行重点培训,做到"施工到哪里,培训就到哪里"。农村社会事业促进处、环保站、能源站要按照"明白人"培训方案做好各自责任片区的培训工作。

四是逐级压实工作责任。按照"条块结合、网格管理"的原则,完善农村人居环境整治工作责任体系,实行由金韶琴、虞景龙、王洪波三位厅领导分片包干,厅农村社会事业促进处、农业环境保护监测站、宁夏农村能源站具体落实的工作责任体系,继续做好各自片区人居环境整治工作督导检查、技术指导、人员培训、质量监管、问题整改等工作,及时掌握整治工作进度,保质保量如期完成年度各项任务。

8. 4月13日,宁夏农业农村厅召集发展改革委、财政厅、生态环境厅、住房和城乡建设厅、自然资源厅、卫生健康委召开宁夏改善农村人居环境工作领导小组办公室会议。纪要如下:

会议传达学习了习近平总书记近期关于改善农村人居环境的重要指示批示精神,解读农业农村部、国家发展改革委、财政部、生态环境部、住房和城乡建设部、国家卫生健康委等六部委联合印发的《关于抓好大检查发现问题整改扎实推进农村人居环境整治的通知》(农社发〔2020〕2号),听取宁夏发展改革委、财政厅、农业农村厅、生态环境厅、住房和城乡建设厅、自然资源厅、卫生健康委关于落实大检查发现问题整改工作进展情况,安排部署了下一步重点工作。

会议指出,2019年以来,各地各部门认真贯彻落实国家和宁夏关于农村人居环境整治行动的各项决策部署,通力协作,紧密配合,狠抓落实,扎实推进各项重点工作,村庄面貌大为改观,全区农村人居环境整治取得阶段性成效,2019年度宁夏农村人居环境整治工作综合评价位居西部前八,西夏区、利通区被评为全国村庄清洁行动先进县。在取得成绩的同时,要清醒地认识到,宁夏仍然存在一些突出问题。特别是 2019 年国务院对 14 个省开展农村人居环境整治大检查,检查中发现的突出问题在宁夏一些县(区)也不同程度存在。在改厕方面,部分县(区)存在户厕质量不过关、施工不规范、使用率不高等问题;在农村生活垃圾治理方面,一些地方存在垃圾分类进展缓慢、垃圾处理方式单一、垃圾清扫不到位、收运体系不健全、农民主体作用发挥不充分、长效机制不完善等问题;在农村生活污水治理方面,部分区域存在生活污水治理能力不足、生活污水随意排放、污水收集处理设施设备运行管护不到位等问题。各部门要高度重视,举一反三,全面摸排,认真落实整改。

会议强调,农村人居环境整治是全面建成小康社会补短板的重要内容,是实施乡村振兴战略的一场硬仗。2020 年是农村人居环境整治三年行动的收官之年,要切实提高政治站位,切实增强责任感、使命感和紧迫感。要充分认识到这项工作的艰巨性和复杂性,把农村人居环境整治作为"一把手"工程来抓,主要领导亲自安排、亲自督战,分管领导亲自上阵、一线指挥,确保农村人居环境整治工作,事事有人抓,层层抓落实。

会议要求,各部门要密切配合,对标对表农村人居环境整治三年行动方案,紧盯突出问题,按照职责分工,全面开展排查,强化措施落实,形成工作合力,抓好问题整改,同心协力保质保量如期完成农村人居环境整治三年行动各项目标任务。宁夏农业农村厅继续履行好牵头抓总职责,加大统筹协调和监督检查力度,同时,要稳步推进农村"厕所革命",严把改厕质量关,全面提升改厕完成率、使用率、合格率、满意率,确保小康社会指标如期完成;住房和城乡建设厅健全农村生活垃圾清扫、收集、转运、处理体系,做到农村生活垃圾及时清理,不留死角;生态环境厅抓好农村生活污水治理项目工程建设,尽快投入运行,有效管控污水乱排乱放现象;卫生健康委要做好卫生健康知识科普宣传,改变群众不良生活习惯;自然资源厅指导各地做好"多规合一"实用性村庄规划编制,逐步实现规划管理全覆盖;发展改革委加强农村人居环境整治基础设施建设项目支持,不断健全农村人居环境整治设施管护长效机制;财政厅加大农村人居环境整治的资金投入力度,力争对全区农村人居环境整治示范县和示范乡村创建予以支持。

近期要紧盯农村人居环境整治突出问题整改做好四个方面工作:

一是加强组织领导。各地各部门要成立整改专项领导小组,分管领导亲自挂帅,按照职责分工,认真梳理,制订专门整改方案。加强督导检查,督促整改工作落实。

二是全面落实整改。要对照大检查发现问题,全面组织开展摸底排查,建立问题台账,找准问题症结,倒排工期,逐项整改,完成一项销号一项。对 2019 年前已建设农村卫生厕所和垃圾污水治理设施要及时维护,保障设施正常使用。加强资金政策支持,确保各项问题真改实改。

三是及时掌握进度。各部门要及时对整治情况进行调度,每月汇总排查整改进度报宁夏人居办,全面掌握整改动态和工作成效,迎接国家农村人居环境整治问题整改抽查。

四是建立长效机制。健全农村人居环境整治长效管护机制,统筹推进农村厕所改造、生活污水及垃圾治理、村庄规划布局、卫生健康宣传等重点工作,确保农村常年保持干净整洁,避免问题反复反弹。

9. 2020 年 4 月 30 日,宁夏农业农村厅一级巡视员金韶琴同志主持召开农村改厕验收工作推进会,听取近期关于农村改厕验收进展情况的汇报,认真总结农村改厕项目取得的阶段性成绩,深入分析了各县(区)在改厕质量存在的突出问题,并对下一步改厕相关工作进行了安排部署。

会议指出,自年初以来,宁夏农村能源工作站和农业环境保护监测站组织相关专家、技术人员严格按照《宁夏回族自治区农村厕所改造项目考核验收办法》,重点从任务完成率、厕所合格率、使用率和群众满意度,即"三率一度"方面,对永宁、平罗、惠农、青铜峡、盐池、彭阳、泾源、隆德、西吉9个县(市、区)的农村户厕进行自治区级验收。从任务完成率来看,各县(区)普遍在90%以上,有3个县任务完成率达到100%;从合格率来看,大部分县(区)合格率在70%以上,其中彭阳县合格率最高为94%;从使用率来看,各县(区)普遍在80%以上,其中隆德县最高为97.5%;从满意度来看,各县(区)群众对改厕满意度普遍90%以上,其中泾源县最高为100%。从验收结果来看,自治区级验收不合格厕所问题主要集中产品和施工质量方面,比如,三格化粪池未经送检或送检不合格、化粪池隔板间存在串水以及化粪池容积、埋深和壁厚不够等问题。

会议强调,农村改厕是事关如期全面建成小康社会的重要指标之一,关系亿万农民群众生活品质改善和农民群众获得感、幸福感、安全感。要充分认识推进农村厕所革命的长期性、复杂性和艰巨性,稳扎稳打,精准发力,始终坚持厕所好用、农民满意这个基本原则,以更大的决心、更有力的措施,积极科学稳妥地推进农村改厕工作。验收工作是改厕质量管控的最后一道关口,要通过严把项目验收关,全面甄别"问题"厕所,倒逼改厕问题整改,倒逼改厕质量提升,确保改一个、成一个、用一个,一年四季都能用。

会议要求,近期要重点做好三个方面工作:

一是加快推进改厕项目验收。要加快验收进度,严格验收程序,完善档案资料,乡镇和县(区)实行逐村逐户自查和验收、地级市和自治区分别按照不低于10%的比例开展核查和抽查,分级验收不替代、不合并,不走过场、不打折扣。在市县级验收完成并出具验收结论后,自治区级验收组再反馈验收报告。对验收不合格的厕所不计入改厕任务,不予经费补助。

二是督促改厕问题全面整改。宁夏环保站和能源站要认真归纳整理各县(市、区)改厕存在的问题并及时进行通报反馈,督促各地限期全面整改。把解决当前问题和今后改厕建设结合起来,以问题为导向,改进措施,防止同类问题在今后的改厕过程中反复出现。

三是强化全程监管和培训指导。宁夏环保站和能源站在做好验收的同时，要加强对今年改厕质量监督和技术培训指导，督促各地做好改厕产品送检，抽查核查产品质量，对使用不合格改厕产品的要立即叫停。各地要始终坚持质量与数量并重，不断强化改厕产品质量管控，大力推行钢筋混凝土三格式化粪池户厕建设，切实解决化粪池透水等突出问题，保质保量如期完成年度改厕目标任务。

10. 2020 年 5 月 11 日，宁夏农业农村厅一级巡视员金韶琴同志主持召开农村改厕验收工作专题会，重点针对石嘴山市、固原市等部分县(区)在农村改厕验收过程中出现的问题进行研究，深入分析原因，并对相关县(区)就改厕问题提出整改意见。

会议指出，近期宁夏农村能源工作站和农业环境保护监测站组织相关专家、技术人员重点对大武口区、惠农区和原州区农村户厕进行自治区级验收，按照《宁夏回族自治区农村厕所改造项目考核验收办法》，重点从任务完成率、厕所合格率、使用率、群众满意度，即"三率一度"方面进行。从验收结果看，相关县(区)仍然存在改厕档案不完善、三格式化粪池串水、县级验收未开展等问题，特别是原州区张易镇陈沟村美丽乡村户厕改造项目合格率、使用率、满意度不高，改厕问题突出。

会议强调，农村改厕质量问题是农村"厕所革命"成败的关键，要始终坚持厕所好用、农民满意这个基本原则，确保改一个、成一个、用一个，一年四季都能用。在改厕技术上，要始终按照《宁夏农村厕所建设技术指导意见》《宁夏农村钢筋混凝土三格式化粪池建设技术指导意见》《宁夏农村节水防冻型地下储水式高压冲水厕所建设技术性指导意见》，严格施工作业；在改厕模式上，要因地制宜选择符合各地实际的环保型、资源型和人工资源型三种建设类型。

会议要求，农村改厕要坚持"好"字当头，质量优先，当前组织相关市县认真查摆问题，切实做好整改，把好事办好、实事办实。

一是宁夏能源站对石嘴山市农村改厕问题全面梳理,提出整改意见,以自治区改善农村人居环境工作领导小组办公室文件形式反馈给石嘴山市改善农村人居环境工作领导小组。

二是宁夏环保站对原州区住建部门建设改厕项目全面摸排,形成问题清单反馈自治区住房和城乡建设厅、原州区改善农村人居环境工作领导小组,督促"问题厕所"抓紧整改。同时,指导西吉县农业农村局对群众向农业农村部反映改厕问题,积极开展入户调查、查找原因。

三是农村社会事业促进处对红寺堡区农村改厕问题进行全面梳理,下发督办函,督促红寺堡区尽快复工复产。

四是宁夏环保站、能源站继续做好改厕质量监督和技术培训指导,督促各地做好改厕产品送检,对使用不合格改厕产品的要立即叫停。改厕产品、施工建设单位招投标由县级统一进行,推广钢筋混凝土三格式化粪池户厕建设,切实解决化粪池透水等突出问题,切实提高农村改厕质量。

11. 2020年6月10日,宁夏农业农村厅一级巡视员金韶琴同志主持召开农村改厕严格管理三格式化粪池质量工作专题会,宁夏市场监管厅、宁夏住房和城乡建设厅、第三方检测机构以及农业农村厅农村社会事业促进处和农业环境保护监测站相关负责同志与会。会议从标准规范、检测指标、备案要求和产品抽检等方面进行了深入研究讨论,分析市场及使用过程监管环节,对进一步加强宁夏农村改厕过程中三格式化粪池的质量管控提出意见。

会议指出,近期宁夏农业环境保护监测站和农村能源工作站组织相关专家,按照《宁夏回族自治区农村厕所改造项目考核验收办法》对全区农村户厕改造进行验收,结果发现,部分县(区)使用的三格式化粪池虽然经自治区备案,但依然存在格间串水、结构不合规等严重质量问题。

会议强调,严把农村改厕质量问题是农村"厕所革命"成败的关键,三格式化粪池产品质量的管理尤为重要,要严把产品入市和使用关口,确保改一个、成一个、用一个,一年四季都能用。

一是原则同意《关于发布三格式化粪池供应企业合格产品名录的通知(第三批)》,此次发布宁夏力通环保科技有限公司、宁夏金霸塑料制品有限公司、江西明辉环保科技有限公司、山东福源设备安装有限公司、山东东信塑料科技有限公司5家企业。

二是从6月10日起,凡新进入宁夏市场的三格式化粪池备案产品必须按照《农村三格式户厕建设技术规范》(GB/T 38836—2020)三格化粪池的相关要求以及CJ/T 489和CJ/T 409的相关规定,增加相应检测指标,具体指标由宁夏农业环境保护监测站审定。

三是各地要按照宁夏人居办发布的备案名录,择优选择相关企业的产品,并按照《关于发布三格式化粪池供应企业合格产品名录的通知(第二批)》的具体要求,做好产品批次抽检,对抽检不合格的产品和企业及时取消合格产品备案资格;检测机构要认真做好检测登记和记录,与检测结果一式三联送备案单位、送检单位和企业,并对检测结果真实性负法律责任。

四是加强三格式化粪池质量监督管理,对使用不合格三格式化粪池的县(区)要严肃问责处理,在使用过程中发生格间串水、化粪池塌陷等严重质量问题的,对相关企业列入"黑名单",凡进入"黑名单"的企业,其产品不得进入宁夏市场,施工企业不得在宁夏承揽农村改厕工程。

12. 2020年6月28日,宁夏农业农村厅一级巡视员金韶琴同志主持召开农村人居环境整治工作例会,厅党组成员、总经济师王洪波以及农村社会事业促进处、农业环境保护监测站、农村能源工作站负责同志参会。会议听取了一处两站近期工作汇报,并对下阶段工作进行安排部署。

会议指出,去年以来,全区上下认真贯彻习近平总书记关于农村人居环境整治重要指示批示精神,扎实推进农村人居环境整治和厕所革命工作,农村面貌发生了较大变化,农村改厕攻坚克难,农村垃圾污水治理成效显著,农村人居环境整治宣传工作形式多样,深入扎实。但从目前验收改厕情况看,今年改厕进度比较缓慢、质量不高,个别县(区)仍未引起高度重视,严重影响到了全区改厕任务的完成。

会议强调,农村"厕所革命"是农村人居环境整治的"硬任务",也是全面建成小康社会的"硬指标",要坚持数量质量并重,加强改厕技术指导,打造精品工程,确保农村卫生厕所改一个、成一个、用一个,一年四季都能用。

一是实行分片包干负责制,从6月28日开始至9月底,一处两站11名处级干部每人联系1个县,苏林负责永宁县、马建军负责兴庆区、米湘胜负责平罗县、罗锐负责灵武市、金光普负责贺兰县、姚金库负责西夏区、李文波负责利通区、王金保负责金凤区、马京军负责惠农区、惠芳负责大武口区、黄岩负责青铜峡市,要对改厕进度负责、质量负责、问责负责,做到技术服务到位、培训到位、进村入户到位。

二是继续抓好厕所验收工作,原验收工作组不变,任务地点不变,抓紧对未验收的县完成验收,覆盖所有乡镇、行政村、改厕模式、产品类型、施工企业。

三是实行改厕进度双周调度制度,由农村社会事业促进处每两周对各市、县(区)改厕进度进行调度,认真分析存在问题,指导各地加快进度,大干一百天,坚决完成改厕任务。

四是积极筹备自治区改善农村人居环境工作领导小组会,由农村社会事业促进处积极对接财政厅完善《全区农村人居环境整治示范县、示范村创建实施办法》,积极协调宁夏政府办公厅做好会议方案、领导讲话等会议筹备工作。

13. 2020年7月27日,宁夏农业农村厅一级巡视员金韶琴同志主持召开农村改厕严格管理三格式化粪池质量工作专题会,宁夏市场监管厅、宁夏住房和城乡建设厅、第三方检测机构以及宁夏农业农村厅农村社会事业促进处和农业环保站、能源工作站相关负责同志参会。会上专家们听取了申请备案企业现场考察情况汇报,审核了产品检测资料,对下一步农村户厕改造质量监管提出了意见。

(1)宁夏赢滨环保科技有限公司"一体式 PE 三格塑料化粪池"经检验合格,达到备案条件,列入第四批备案名录,其他不属于"一体式"的化粪池不予备案。此名录仅供产品备案和建立可追溯体系使用,不作为产品现场使用合格依据。

(2)陕西欧浦睿环保科技有限公司"一体式 PP 三格塑料化粪池",在吴忠市利通区施工现场抽样送检不合格,实际供货产品与备案产品不一致,以次充好。宁夏力通环保科技有限公司"一体式 PE 三格塑料化粪池",在盐池县施工现场抽样送检不合格。根据质量管理要求,取消陕西欧浦睿环保科技有限公司"一体式 PP 三格塑料化粪池"和宁夏力通环保科技有限公司"一体式 PE 三格塑料化粪池"产品在宁夏 2020 年备案资格,列入负面清单(诚信黑名单),并予以公布。

(3)宁夏建筑科学研究院股份有限公司已取得宁夏市场监督管理厅资质认定,可以进行"三格化粪池"等改厕产品检验。

(4)从事"三格化粪池"等改厕产品检验的检测公司要严格执行国家颁布的相关标准,按照规定的程序和指标进行检测,不得缺项、改项。

(5)大力推广使用钢筋混凝土三格化粪池,积极发动农户自建砖混结构的三格化粪池,切实提高化粪池质量。

14. 2020 年 8 月 5 日,宁夏农业农村厅一级巡视员金韶琴同志主持召开农村人居环境整治工作例会。会议听取了一处两站近期工作以及 11 名处级干部一、二类县包县情况汇报,并对下阶段工作安排部署。

会议指出,近期,各市、县(区)切实压实责任,抢抓施工黄金时期,农村改厕工作积极推进,但也存在个别县(区)改厕进度缓慢、底数不准、化粪池质量不合格、施工不规范等问题。

会议强调，农村"厕所革命"是农村人居环境整治的"硬任务"，也是全面建成小康社会的"硬指标"，领导干部包县负责是"硬措施"，要集中力量打歼灭战、攻坚战。

一是严格落实包县负责制，要全面开展改厕问题梳理，找准问题症结，召集乡镇负责同志会议研究部署，包县干部至少对接县委书记和县长1次，及时反馈存在问题，协调一并解决，10月底前必须完成改厕任务。

二是严把质量关，要坚持数量质量并重，加大改厕技术指导力度，确保农村卫生厕所改一个、成一个、用一个，一年四季都能用，发现不合格产品和施工企业，立即列入黑名单。

三是全面做好督导，要严格模式选型、产品选购，认真做好问题厕所整改；对已经验收完的县（区），要形成完备的验收报告，及时反馈县委书记和县长。

15. 2020年8月17日，宁夏农业农村厅一级巡视员金韶琴同志主持召开农村人居环境整治工作例会。会议听取了一处两站近期工作以及11名处级干部一、二类县包县情况汇报，并对下阶段工作安排部署。

会议指出，近期，通过领导干部包县督导、监理管理驻场监督，各地改厕进度和质量明显提升，但改厕形势整体不容乐观，改厕数据不实、进度缓慢、产品质量不过关、整改不到位等问题依然存在，在改厕任务繁重、时间紧迫的情况下，要抢抓改厕黄金时间，加快农村改厕进度。

会议强调，包县干部要切实发挥有效作用，严把农村改厕选型、产品质量、施工管理、项目验收四个关口，全面提升农村改厕质量，确保农村卫生厕所改一个、成一个、用一个，一年四季都能用。

一是强化工作督导检查。包县干部要针对县（区）重视程度不够、配套资金不到位、进度缓慢、质量不高、整改不到位等问题，抓紧对接县（区）主要领导，通报情况、说明形势、提出要求，压实县（区）责任。根据人员调整和工作需要，何怀兵同志包抓大武口区，王金保同志协助姚金库包抓西夏区。

二是强化现场解决实际问题。发挥驻县监理作用,深入细致开展产品质量、施工情况现场监督。包县干部要与驻县监理紧密配合,特别是对大武口区、平罗县等农村厕所合格率低、设计不合理等问题,要组织专家论证、会诊把脉,研究解决办法,落实整改措施。在做好防渗、防漏、承重、安全的基础上,原则同意农民自建砖混结构三格化粪池。

三是确保改厕质量数量双提升。紧盯兴庆区、永宁县、灵武市、平罗县等重点县(区)任务的完成,要坚持数量质量并重,提倡使用钢筋混凝土化粪池,发现问题及时下发整改通知。包县干部对西夏区、灵武市、平罗县下发整改通知,提高农村改厕质量。9月初,根据各县农村改厕进度和质量情况,开展第二轮约谈。

备案企业中甘肃清泽润实业有限公司供应的三格化粪池,现场抽查串水现象严重,列入诚信黑名单,由环保站对宁夏中测计量检测院下发整改通知,按照新国标对化粪池进行检测,并抄送宁夏市场监督管理厅。

16. 2020年8月28日,宁夏农业农村厅一级巡视员金韶琴同志主持召开农村人居环境整治暨"厕所革命"推进工作例会。会议听取了一处两站近期工作以及11名处级干部一、二类县包县情况汇报,并对下阶段工作安排部署。

会议指出,近期,宁夏农业农村厅通过对各县(区)重点督查、跟踪督查、现场督办,及时协调解决瓶颈问题,各县(区)改厕工作重视程度和工作成效明显变化。比如,永宁县增加改厕经费投入,每户改厕补助提高到4 000元;贺兰县对改厕数据进行全面摸排,甄别核实虚报数据,重新纳入改厕任务;灵武市及时发现并叫停串水化粪池产品,进行全面排查整改。兴庆区树立标杆,自加压力,提出年内所有农户卫生厕所应改尽改。但也要清醒地认识到,当前全区改厕形势整体上不容乐观,一些县(区)仍存在进度缓慢、虚报改厕数据等问题,我们要切实采取针对性措施,认真加以解决。

会议强调,农村厕所革命,事关全面建成小康社会,事关广大农村群众的根本福祉，必须全力以赴确保农村人居环境整治三年行动改厕任务目标全面完成。

一是坚定信心、攻坚克难。要加大工作力度，抓住当前户外施工黄金期，提速度，追进度，确保9月底前高质量完成户厕改造任务。针对部分县（区）重视程度不够、配套资金不到位、进度缓慢、质量不高等问题，要继续与该县（区）主要领导协调对接，压实县（区）主体责任，把矛盾和问题解决在基层组织和基层一线。

二是坚持原则，守住底线。始终坚持好字当头、质量优先、注重实效。包县干部要通过深入走访，对改厕数据的真实性进行核实，确保改厕数据真实可靠。对于督查发现的不合格改厕产品，该叫停的立即叫停、该整改的立即整改，绝不能搞变通，打"擦边球"，蒙混过关，绝不放过一个不合格的厕所。特别是加强对2019年、2020年质量不合格厕所，要边查边改，逐项销号。对改厕进度和质量问题严重的县（区），要会同纪检组进行约谈。

三是分类指导，精准施策。对每个县或每个乡督查出现的问题，要提出有针对性且较为具体的整改意见，确保问题整改落到实处。对近期在利通区等地督查过程中发现的问题，要及时下发整改通知书。厅农村社会事业促进处要积极协调财政落实全区农村人居环境整治示范县、示范村奖补资金。

17. 2020年9月8日，宁夏农业农村厅一级巡视员金韶琴同志主持召开农村人居环境整治暨"厕所革命"推进工作例会。

会议指出，各包县干部深入各县（区）督查、指导，推动各县改厕进度进一步加快，改厕质量进一步提升，截至目前，已有4个县（区）全面完成改厕任务，全区一、二类县卫生厕所普及率分别达到85.0%和83.7%。但仍有个别县（区）的改厕进度还有所滞后，特别是兴庆区、永宁县、大武口区、红寺堡区改厕任务完成率不足70%，距离9月底前完成年度任务的目标仍有较大差距，必须要引起高度重视，进一步加大督查力度，推动各项任务按时落实落地。

会议强调,农村人居环境整治三年行动已到关键阶段,要顶住压力,攻坚克难,高质量完成各项任务。

一是提高思想认识,压实工作责任。要有等不起的紧迫感、慢不得的危机感、坐不住的责任感,切实将责任扛起来,农业农村厅处级干部包县,县乡干部包村包户要一"包"到底,全力以赴抓好改厕工作。曹彦龙、王君梅、张源要分别协助苏林、金光普、罗锐做好包县督导工作。

二是注重工作方法,协调解决突出问题。充分发挥"五级书记"抓农村人居环境整治的作用,对改厕进展缓慢、矛盾问题突出的县(区),要加强与县(区)党委政府负责同志沟通协调,个别县(区)还要进行通报约谈,进一步督促工作落实。

三是思想上进一步统一,行动上狠下决心。近年来,宁夏农业农村厅坚持因地制宜、分类指导,不断完善农村改厕政策和技术体系,形成以完整下水道厕所和三格式化粪池厕所为主的成熟改厕技术模式,做好改厕工作的关键在于县(区)认识到位,督导到位,落实到位。要坚定方向,不观望,不动摇,不空谈,发扬从严从实、真抓实干的作风,把狠抓落实贯穿始终。

四是深入调查研究,认真谋划农村人居环境提升行动。要从促进乡村全面振兴这个高度来全面谋划今后五年农村人居环境整治工作,研究制订全区农村人居环境整治提升行动方案,提前储备一批项目,做好各项工作有序衔接。会议还研究讨论了《宁夏农村人居环境整治三年行动考核验收工作方案》(征求意见稿)。

18. 2020年9月10日,宁夏农业农村厅一级巡视员金韶琴同志主持召开农村户厕改造三格式化粪池产品质量管理论证会,宁夏市场监管厅、宁夏住房和城乡建设厅、第三方检测机构以及宁夏农业农村厅农村社会事业促进处和宁夏农业环境保护监测站相关负责同志参加了会议。会议听取了宁夏农业环境保护监测站关于洛阳婷薇塑模有限公司"新型三格式PP塑料化粪池"产品申请备案和检测情况的汇报,与会专家审核并质询了该产品性能和检测指标情况,并对下一步农村户厕改造质量监管提出了意见。

(1)洛阳婷薇塑模有限公司"新型三格式 PP 塑料化粪池"经检验合格,达到备案条件,同意列入第五批备案名录。此名录仅供产品备案和建立可追溯体系使用,不作为产品现场使用合格依据。

(2)从事"三格化粪池"等改厕产品检验的检测公司要严格执行国家颁布的相关标准,按照规定的程序和指标进行检测,不得缺项、改项。

(3)各地要加强三格式化粪池产品质量管理,严格按照《关于发布三格式化粪池供应企业合格产品名录的通知(第二批)》的具体要求,在备案产品使用前和使用中做好产品批次抽检,如有抽检不合格的情况,该企业将被列入负面清单。

(4)大力推广使用钢筋混凝土三格式化粪池,切实提高化粪池质量。

19. 2020 年 10 月 21 日,宁夏农业农村厅一级巡视员金韶琴同志主持召开农村人居环境整治暨"厕所革命"推进工作例会。

会议指出,今年以来,各县(区)稳步推进农村厕所革命,大力推广节水防冻和钢筋混凝土三格式化粪池等改厕技术,强化对农村改厕的全过程监管,实行改厕产品备案制和第三方监理制,全区农村户厕改造进度和质量全面提升。截至目前,全区除兴庆区、贺兰县、利通区外,其他县(区)均已完成年度改厕任务,顺利完成了 2020 年宁夏政府民生实事 10 万座户厕改造任务,全区一、二类县农村卫生厕所普及率已达到 87%,为夺取全区农村人居环境整治三年行动攻坚战的胜利奠定了坚实基础。在看到成绩的同时,也要清醒地认识到,目前仍有 3 个县(区)任务没有完成,部分县(区)存量厕所问题还没有彻底整改,2020 年全区改厕工作还没有完成验收。时间紧任务重,要进一步增强责任感紧迫感,坚持目标导向,突出重点任务和关键环节,真抓实干,为全面建成小康社会跑好"最后一公里"。

会议强调,当前各项工作已到最后冲刺、准备交账的阶段,要攻坚克难、务求实效,奋力完成全年目标任务,确保"十三五"收好官,为"十四五"开好局奠定坚实基础。

一是严格户厕验收工作。各县(区)要严格按照《宁夏回族自治区农村厕所改造项目考核验收办法》抓紧开展改厕验收工作。宁夏将成立两个验收工作组,分别由马京军和李文波同志负责对各县(区)改厕工作进行验收,县级验收要在10月下旬全面完成,市级验收要在11月上旬全面完成,宁夏验收要在11月中旬结束,分级验收不得合并。宁夏环保站和能源站负责落实。

二是科学确定明年改厕任务。"小康不小康,厕所算一桩"。农村"厕所革命"事关小康社会的成色,事关美丽新宁夏的底色,事关农民群众获得感幸福感,今后五年仍要下大力气推进,让农民群众共享改革发展成果。目前三类县农村卫生厕所普及率仅为41%,因此,明年改厕工作将重点在三类县地区开展,要结合近期各地上报的改厕计划和"十四五"农村人居环境整治工作任务目标,科学确定明年全区改厕任务。由罗锐同志负责落实。

三是积极争取改厕资金支持。目前宁夏财政预算编制已到"二上"阶段,要积极与财政部门协调农村公厕、畜禽粪污站、农村户厕等项目建设资金,争取列入财政预算。协调工作由苏林、罗锐、马建军同志负责落实。

四是科学谋划"十四五"规划。要深入调查研究,充分吸收社会期盼、群众智慧、专家意见和基层经验,科学谋划思路目标、政策措施和工程项目,抓紧推进"十四五"农村人居环境整治提升研究谋划工作,尽快形成农村人居环境"十四五"规划和五年提升行动方案。由农村社会事业促进处负责落实。

五是督促指导县(区)抓好问题整改。要督促各地做好农村问题厕所整改、新建厕所档案资料整理、改厕数据摸底核实等工作,逐县逐项核实,争取做实做细做扎实,高质量迎接国务院大督查。各包县干部负责落实。

20. 2021年5月7日,宁夏农业农村厅一级巡视员金韶琴同志主持召开农村人居环境整治工作例会。

会议指出,近期,农业农村部、国家乡村振兴局连续召开农村厕所问题摸排整改有关工作会议,充分说明这项工作的重要性和紧迫性,随后召开全区农村厕所问题摸排整改工作视频会议,印发《宁夏农村厕所问题摸排整改工作方案》,对各项工作进行全面系统地安排部署,成立1个督导组和11个现场指导组,赴各地督导检查,11名处级干部每人包抓2个县。

第一组:永宁县、彭阳县　　责任人:李润军

第二组:兴庆区、西吉县　　责任人:马建军

第三组:平罗县、海原县　　责任人:米湘胜

第四组:灵武市、红寺堡区　责任人:蒋昊良

第五组:贺兰县、原州区　　责任人:金光普

第六组:西夏区、沙坡头区　责任人:姚金库

第七组:惠农区、同心县　　责任人:马京军

第八组:大武口区、盐池县　责任人:何怀斌

第九组:青铜峡市、隆德县　责任人:黄　岩

第十组:利通区、泾源县　　责任人:李文波

第十一组:金凤区、中宁县　责任人:王金保

现场指导组要对农村厕所问题摸排工作负责、改厕进度负责、质量负责、问责负责,做到技术服务到位、培训到位、进村入户到位。

会议强调,认真贯彻落实全国农村厕所问题摸排工作会议精神,靠前指挥,抓紧抓实,像建厕所一样管厕所、搞摸排,经得起实践检验。

一是指导各县(市、区)摸清底数。农村改厕有历史沿革问题,有数据技术问题,有主观客观原因,有住建、卫健部门建设的,不能有等着交接工作,不作为、等着看的思想,要有敢于担当、较真碰硬的精神,打好这场攻坚战乃至持久战。摸清2018年前建设厕所数据,鉴于问题错综复杂,不管是哪个部门建的,

都要摸清楚,建了就建了,有就有。开展"回头看"也是摸清情况,要从建设、管理、运维等各个角度,提高认识,提高站位,不怕亮丑,实事求是,搞好摸排工作,摸清数据家底。

二是摸排工作要有针对性。这次摸排工作就是清底子,改问题,新建设,把关口。清底子,把每个部门建设的底数弄清,一户一档、一村一册;改问题,摸排发现问题,能改的则改,该改的就改;新建设,新建厕所必须严格执行《宁夏农村厕所革命提升行动指导意见》技术标准和要求;把关口,严格落实产品备案制、监理制、黑名单制等,把好技术选型关、产品质量关、施工建设关、考核验收关。抓好这项工作,团队精神不能散、联合作战方法不能改,要充分发动群众,做好技术培训指导,坚定信心把好关口。

三是紧盯今年的改厕工作不放松。既要抓好当前工作,也要管好以前的工作,还要谋划好以后的工作。在结合党史学习教育中,提高思想认识,不能思想松懈,抓好抓实。紧盯红寺堡区、彭阳县、海原县、原州区等县(区),加强督促指导,大力推广节水防冻水冲式厕所技术,督导梳理的问题及时反馈县(区),督促落实整改。

21. 2021年5月24日,宁夏农业农村厅一级巡视员金韶琴同志主持召开农村户厕改造三格式化粪池产品质量管理论证会。宁夏市场监督管理厅、宁夏住房和城乡建设厅、第三方检测机构以及宁夏农业农村厅农村社会事业促进处、农业环境保护监测站、农村能源工作站相关负责同志与会。会议从标准规范、检测检验指标、备案要求、产品抽检方法等方面进行了深入研究讨论,探讨了强化市场准入及产品使用过程中的监管环节和措施,对进一步加强宁夏农村改厕过程中三格式化粪池的质量管控提出了具体意见。

会议强调,农村改厕质量问题是农村"厕所革命"成败的关键,其中,三格式化粪池产品质量的管理尤为重要。要严把产品入市和安装使用关口,确保建一个、成一个、用一个,一年四季都能用。

一是根据与会专家论证意见,原则审定宁夏浩迪科技有限公司、宁夏金霸塑料制品有限公司、宁夏瀛滨环保科技有限公司等3家企业产品作为拟备案名录,待宁夏人居办组织技术人员赴生产企业实地查验其产品质量是否合格,再予以发布。其他申请企业产品完善检测检验后审定。

二是第三方检测机构必须按照《农村三格式户厕建设技术规范》(GB/T 38836—2020)三格化粪池的相关要求以及CJ/T 489的相关规定检测三格化粪池产品,要采取实地随机抽样的方式取样,检测后出具检测检验报告,要规范报告的格式、内容和结论及其完整性,确保报告的真实性和可靠性。

三是在宁夏农村改厕过程中,各地要按照宁夏人居办发布的备案名录择优选择相关企业的产品,并加强对使用的产品质量抽检管理,按照《关于做好2021年全区农村厕所建设项目三格式化粪池产品质量监管工作的通知》的具体要求,做好抽样、送样及检测过程的登记和记录。

四是进一步加强三格式化粪池质量监督管理。各地相关部门要加强三格式化粪池现场使用入场抽检的监督管理,对抽检产品不合格的企业,列入"黑名单",凡进入"黑名单"的企业,其产品不得进入宁夏境内使用,施工企业不得在宁夏承揽相关改厕工程。

22. 2021年7月6日,宁夏农业农村厅一级巡视员金韶琴主持召开农村人居环境整治工作例会,会议传达了7月4日全国村庄清洁行动现场会精神,听取了11个现场指导组近期对各地农村"厕所革命"现场督导和实地核查情况的汇报,并对工作进行了安排部署。

会议指出,2018年12月以来,各地农业农村部门充分发挥牵头抓总职能,会同有关部门聚焦农民群众"如厕难"、村庄环境"脏乱差"等问题,扎实推进农村"厕所革命",压茬推进村庄清洁行动各阶段战役,全区卫生厕所普及率明显提高,村庄基本实现干净整洁有序,农村人居环境逐步改善,为打赢脱贫攻坚战、全面建成小康社会做出了积极贡献。年初,宁夏安排部署了农村人居环境整治三年行动成果"回头看",通过现场检查发现,个别还存在思想认识不到位等问题,有的县(区)摸排整改工作只开展了改厕数据统计,没有建立问题整改台账,有的地方特别是县一级对2021年户厕改造并不重视,没有认真抓,导致工作进展缓慢;有的县(区)村庄清洁行动还存在死角盲区,仍然停留在打扫卫生阶段,采取的整治措施不够有力,效果只浮于表面,反弹现象明显。对此,我们要深入研究,认真加以解决。

会议强调,改善农村人居环境,是实施乡村建设行动、推进乡村全面振兴的重点任务,也是广大农民群众的深切期盼。

一是思想认识上要再提高。切实提高政治站位,把学习贯彻习近平总书记关于改善农村人居环境的重要指示批示和视察宁夏重要讲话精神结合起来,把实施农村人居环境整治提升五年行动和建设黄河流域生态保护和高质量发展先行区结合起来,把推进今年改厕任务和做好摸排整改工作结合起来,紧盯各项重点和目标任务,不能松劲,更不能懈怠,不断增强责任心和使命感,要以钉钉子的精神切实把这项民生工程抓实抓好,让广大农民群众有更多、更直接、更实在的获得感。

二是摸排工作上要再深入。深刻认识厕所问题摸排工作的重要性和复杂性,摸排要分清改厕的时间阶段,把2018年实施厕所革命后新建的和2018年及以前改造的区分开来,认真对待,全面摸排,不管是哪个部门牵头改的,都要统筹纳入摸排,报废的、不存在的厕所也要查清底数,认真排查、反复核对,同时建立问题清单和整改台账,不能有重叠或者遗漏,彻底摸清底数,查明问题,不留死角。

三是问题整改上要再聚焦。近日,新华社动态清样反映了相关省厕所革命存在的问题,其中宁夏中宁县喊叫水乡2018年建设的农村厕所因冲水不便导致不能使用的情况也被列入其中,为此,我们进行了现场调查核实,并责成中宁县认真对待,吸取教训,立即整改。11个现场指导组要加强督促指导和检查抽查,坚持问题导向,发现问题,立即整改,做到边排查边整改,完成一项、销号一项。各县(区)要举一反三,引以为戒,把整改工作落实好,把改厕质量抓好,防止此类问题再次出现。

四是新建任务上要再发力。今年,宁夏政府工作报告提出改造卫生户厕3.5万户和整村推进300个行政村的目标任务,截至目前,时间过半,任务仍未过半。11名包抓干部要进村入户,不能走马观花,以驻村蹲点、明察暗访等方式,督促各县(区)切实履行主体责任,抓紧施工,加快建设步伐,加强双周调度和约谈提醒,不间断跟踪问效,适时向书记县长反映情况。同时,宁夏督导组将重点对红寺堡区、中宁县、沙坡头区、原州区、泾源县、闽宁镇等地区开展全境督查暗访,持续加强改厕全过程监管,确保改一个、成一个、用一个,一年四季都能用,力争9月底前完成摸排工作和今年3.5万户改厕任务。

23. 2021年12月9日,宁夏农业农村厅一级巡视员金韶琴同志主持召开农村户厕改造三格式化粪池产品质量管理专家论证会。宁夏计量质量检验检测研究院、宁夏建设新技术协会、第三方检测机构以及宁夏农业农村厅农村社会事业促进处、农业环境保护监测站、农村能源工作站相关负责同志参加。会议对江西明辉环保科技有限公司和甘肃润康馨实业有限公司两家企业生产的三格式化粪池(塑料)产品进行了论证审核。

与会专家依据第三方检测机构出具的检测报告,从检测的必要性、检测项目以及行业规范使用要求等对产品使用性能进行了论证和审核,一致认为两家企业的产品符合国家标准要求,同意备案。

会议决定,根据与会专家论证审核意见,江西明辉环保科技有限公司、甘肃润康馨实业有限公司两家企业生产的三格化粪池(塑料)产品符合备案要求,作为2022年第一批备案名录予以发布,备案有效期一年。

会议强调,农村改厕质量问题是农村"厕所革命"成败的关键,其中三格式化粪池产品质量的管理尤为重要。要严把产品入市和安装使用关口,确保建一个、成一个、用一个,一年四季都能用。第三方检测机构要进一步按照《农村三格式户厕建设技术规范》(GB/T 38836—2020)三格化粪池的相关要求以及CJ/T 489 的相关规定规范报告的格式、内容和结论。同时,积极履行社会义务,按照《关于做好 2021 年全区农村厕所建设项目三格式化粪池产品质量监管工作的通知》的具体要求,配合各地有关部门,继续做好现场抽样检测工作。各地相关部门要加强三格式化粪池现场使用入场抽检的监督管理,对抽检产品不合格的企业,一律列入"黑名单"。凡进入"黑名单"的企业,其产品不得进入宁夏境内使用,施工企业不得在宁夏承揽相关改厕工程。提倡使用钢筋混凝土三格式化粪池。

第七章 经验与教训

农村改厕是一项重要的民心工程,习近平总书记高度重视、始终牵挂,多次强调厕所问题不是小事,要及时发现问题,务必把好事办好。中央农办、农业农村部多次下发通知,要求坚决克服当前农村改厕突出问题,抓好农村厕所改造质量。宁夏党委和政府主要领导及分管领导分别作出重要批示,要求积极、科学、稳步推进改厕工作,坚决杜绝形式主义和官僚主义,坚决防止表面文章,确保把工作做细做实,确保把好事办好、实事办实。

但是,在具体工作中,各地、各部门在贯彻落实中央和地方的政策要求时,因吃不透、把不准政策,僵化执行者有之;因改厕难度大、推动力度不足,裹足不前者有之;因农民抵触、宣传教育不力,更改模式者有之;因监管不到位,导致改厕质量差不能使用者有之。可以说,自2019年,宁夏农业农村厅主管农村厕所改造以来,各地历年建设农村厕所的弊端和问题逐一显现,新建厕所的问题也是层出不穷。为此,宁夏农业农村厅多次组织有关专家及工作组,对历史欠账和新建问题进行了"清底数""回头看"和"系统整改"等专项排查和督查,并多次下发整改通知书,提出具体整改要求和意见,有的还是在约谈了县长后,甚至是市级领导,才得以落实,其中暴露和反映出的经验教训值得我们深思。

经验教训一:政策没有吃透、标准把握不准。 2019年改厕开始,国家尚未出台农村厕所建设标准,宁夏及时编制出台了《宁夏农村厕所建设技术指导意见》和《宁夏农村生活污水处理及改厕技术性指导意见》，提出在川区和山区有条件的地区，坚持与农村饮水工程、阳光沐浴工程、农村污水治理相结合，按照《农村户厕卫生规范》(GB 19379—2012)和《农村生活污水处理工程技术规程(DB64/T 1518—2017)》要求，以主房室内水冲式无害化卫生厕所为主、污水集中(或分散)处理的方式，统筹推进农村户用厕所改造建设，实现防渗、防冻、防臭。但是，一些县乡没有严格按照标准执行，有的没有按照文件要求去建设，建在院外的、用木板搭建的、建铁皮房的、与厨房建在一起不分隔的、厕所门狭窄或无法打开等问题。例如，贺兰县金贵镇保南村一户农民家，厕所与厨房建在一处，中间没有隔断，不能截然分开，只用布帘子隔开，此类情况在利通区、海原县、原州区等地也有；在沙坡头区、中宁县、海原县等地，部分厕所建在院外，且距离住房较远，甚至有的只安装了马桶却没有厕房；在平罗县等乡镇村建在院内的部分厕所要么是与储物房共用没有单独隔开，要么是与牛羊圈混在一起，而且部分厕所仅仅用铁皮围个圈，放置个马桶了事，也出现隔断不封顶、与厨房相通相连的情况。这都属于应付差事的懒政表现。

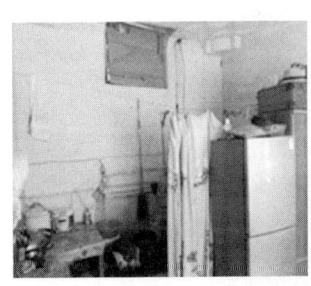

图 7-1　厨厕一体且杂物乱堆　　　　图 7-2　院内铁皮房

经验教训二：借因地制宜之名，行敷衍塞责之实。2018 年，宁夏农业农村厅在制订人居环境整治三年行动方案时，就对宁夏农村现状进行了深入细致的调研，其一，宁夏农村自来水普及率已近 90%，不存在缺水的问题。其二，2018 年前宁夏农村建设的大部分卫生旱厕，或闲置或破损，有的冬天巷道内尿水结冰，夏天巷道臭气熏天、苍蝇乱飞。因此，建设水冲式厕所是必需的。有些地方，不按照政府相关要求,认真履职尽责,而是开倒车、走捷径,建设旱厕;有的县(区)如海原县、沙坡头区等地,不顾厕所应用条件,大范围地建设生物降解厕所,导致厕所闲置不用,农民怨声载道。对生物降解马桶,宁夏农业农村厅叫停过多次,其原因是不能供全体家庭成员使用,同时耗电多;另外,菌种不能及时供应,该马桶已大部分废弃,经实践检验,不能用不好用。此类问题,已及时掌握,及时叫停。

图 7-3 卫生旱厕不卫生

图 7-4 发放生物降解马桶

经验教训三:只管建设,不顾运行。宁夏部分地区村镇巷道规范,相关设施齐全,特别是平原地区和中南部山区的部分中心村等,按照宁夏农村户厕建设指导意见,规划先行,因地制宜优先选择集中管网模式的厕所,但部分乡村却选择三格式化粪池模式厕所，虽然政策上没有错误，但后期维护麻烦不断。部分县(市、区)为了赶进度完任务，应该农民自筹投工投劳的改为政府包揽，并且没有与农户签订相关责任和使用协议，导致农民将所有的事都靠政府，无论大事小事，事事投诉，相关部门应接不暇。有的地方，被农民牵着鼻子走，农民想把厕所建哪就建在哪，不考虑村庄整体性，不考虑冬季保暖措施能否落实，导致进村先看见厕所，有的地方厕所保暖设施齐全，虽然管道缠绕电热丝，但管道冬季依然被冻，厕所水箱冻裂等情况时有发生。经宁夏农业农村厅多次现场督办整改，才得以解决。此类问题也警示我们，现场监督管理的重要性。

图 7-5　院外露天厕所

图 7-6　门难开

经验教训四：监管不到位，设施设备质量不达标。这是宁夏农村改厕早期遇到的问题，也是最为突出的问题，也是群众举报最多的问题。农业农村部暗访组和调研组所反馈的大部分问题也是改厕质量问题。该问题发生的根源在于各地主管部门履职尽责不到位，监管力度和范围小。2019年，进入宁夏农村厕所改造的三格式化粪池供应企业较多，部分企业产品没有检测合格证，部分企业出具的检验合格证中仅提供外观材质结构等一般性指标，而壁厚、承压能力、格间串水等主要指标没有，部分企业虽然提供了所有的指标，但却没有达到国家规定的强制性标准。各地没有意识到检验检测的重要性，仓促上马项目，致使部分农村户厕化粪池塌陷、漏水、串水等问题集中而突出。宁夏农业农村厅及时责令各地，通知供应企业到宁夏有资质的检测机构按照国家标准进行相关检测,对塑料三格式化粪池采取"备案制"管理,合格的将准许进入宁夏市场。随后,愿意送检的企业36家,只有12家产品合格予以备案,此后,宁夏又推出使用现场抽检制和黑名单制,到2022年只有5家企业产品通过检测备案。自推行备案制后,宁夏使用的塑料三格式化粪池再没有出现塌陷和漏水情况,格间串水情况偶有发生,农村户厕改造质量大幅提升,农民的投诉也大幅度降低。此类问题在2019年之前较为常见,在宁夏农业农村厅强力督导下,已经全面进行了整改。

图 7-7　观测井塌陷　　　图 7-8　格间串水　　　图 7-9　配件损坏

经验教训五:底数不清,推卸责任。在2019年之前,由宁夏卫健委、住建厅和环保厅等相关部门历年陆续建设了一些农村厕所,例如同心县河西镇旱天岭、中宁县徐套乡等地2010—2013年建的双瓮旱厕、中宁县舟塔镇舟塔村2017—2018年建的卫生旱厕、兴庆区月牙湖乡2017—2018年建的卫生旱厕,以及中宁县喊叫水乡石泉村和舟塔镇康滩村等乡村建设的脚踩式冲水三格化粪池厕所。这些厕所在建设之初发挥了一定的作用,但随着时间的推移和农民生活质量的提升,大部分厕所已经被闲置或者不能用,处于淘汰状态,但各地区在统计底数时,有的没有计算在内算作已改户,有的统计在新改厕计划之内,口径不一、混淆不清,相关农户在看到新的厕改起点高、标准严、很实用,很多农民为此多次上访举报厕所不能用,要求重新建设的呼声很高。为此,宁夏农业农村厅明确要求各地开展了2013—2018年改厕情况摸底调查统计,彻底理清历年农村户厕改造和使用情况，并责令各地根据具体情况限期予以整改，且不得占用宁夏补助资金。经过严厉的行政措施和督查问责通报等方式，宁夏各地历年建设的不合格厕所逐步得到了整改，相关群众普遍满意。

图 7-10　改厕不成功多次拆除

图 7-11　遗弃的装配旱厕

参考文献

[1] 付彦芬. 中国农村厕所革命的历史实践 [J]. 环境卫生学杂志, 2019, 9 (5): 415-417.

[2] 张永江, 周新群, 吴限忠. 从人民主体的角度对农村厕所革命的思考 [J]. 农业农村部管理干部学院学报, 2019(3): 18-25.

[3] 韩长赋. 关于实施乡村振兴战略的几个问题 [J]. 农村工作通讯, 2019 (18): 12-19.

[4] 董立人, 武混强, 李婷. 深化农村厕所革命的主要障碍和对策建议[J]. 社会治理, 2021(12): 75-82.

[5] 余靖, 张超杰, 周琪, 等. 典型高寒缺水农村地区厕所现状及改厕技术 [J]. 环境卫生工程, 2021, 29(1): 1-8.

[6] 张丽萍. 节水型高压水冲式厕所浅析[J]. 中国卫生工程学, 2001, 10(4): 171-172.

[7] 农业农村部农村社会事业促进司. 农村改厕实用技术[M]. 北京: 中国农业出版社, 2019.

[8] 农业农村部农村社会事业促进司. 农村厕所革命政策与知识问答[M]. 北京: 中国农业出版社, 2019.

[9] 中国农业科学院农业环境与可持续发展研究所. 农村厕所粪污处理与资源化利用[M]. 北京: 中国农业出版社, 2020.

附录1：会议纪要

自治区农村人居环境整治工作推进会
会 议 纪 要

第1期

自治区改善农村人居环境工作领导小组办公室	2019年6月13日

6月12日，自治区农业农村厅巡视员金韶琴主持召开人居环境整治工作例会，学习传达全国农村人居环境整治暨"厕所革命"现场会议精神，安排部署人居环境整治工作。纪要如下：

一、传达学习全国农村人居环境整治暨厕所革命现场会会议精神

金韶琴同志传达了全国农村人居环境整治暨"厕所革命"现场会会议精神精神，并强调：全国农村人居环境整治暨厕所革命现场会是在全面推进人居环境整治和厕所革命的关键时刻召开的十分重要的会议。全国会议进一步明确了农村厕所改造技术路径、质量控制、任务目标和时间界限，要求各地要统筹做好水冲式厕所改造和污水配套管网建设，对靠近城镇的村庄要采取以城带乡的方式，将厕所粪污接入城镇污水处理系统，做好统一管理、统一规划、统一建设和统一运行；对离城镇较远但居住比较集中、人口较多的村庄，要建设集中式污水处理设施；对一般村庄，可先建设三格式处理设施或者采用生物处理方式,但要为后期污水处理预留建设空间,避免反复施工造成浪费;对个别人口较少的偏远村庄,可以建设分散式、单户式处理设施,因循就势处理,就地利用。全国会议对改厕工作要求十分具体和明确,为我区厕改工作指明了方向,也坚定了信心,要深入学习领会,全面抓好会议精神传达和贯彻落实。

二、安排部署人居环境整治工作

会议强调,要进一步强化全区人居环境整治工作管理,按照"条块结合、网格管理"的基本原则,建立一套行之有效的工作责任体系。全区共分3个片区,成立3个工作组分别由3名厅领导分片包干负责。

金韶琴巡视员负责银川市,厅农村社会事业促进处配合;

虞景龙副巡视员负责固原市、中卫市,自治区农业环境保护监测站配合;

王洪波总经济师负责石嘴山市、吴忠市,自治区农村能源站配合。

各片区负责人要负责各自片区人居环境整治工作督导、暗访、考核、技术指导、人员培训、问题整改及新闻宣传等工作。各片区负责人要以问题为导向,以明察暗访的方式,定期或不定期入村入户进行督查指导,对发现的问题,及时整理汇总和反馈,必要时以通报、责令整改通知书的形式下达到所在市、县(区)政府,并对整改落实情况进行跟踪督查,督促各地限期整改。同时,要全面掌握各自片区人居环境整治工作进展情况,确保按期完成工作目标。

会议还对下一步全区人居环境整治相关数据调度、项目资金争取、厕所建设质量监管、督查暗访、基层人员培训等工作进行了具体安排部署。

参加人员:金韶琴 虞景龙 王洪波 苏 林 罗 锐 马建军
马京军 黄 岩 惠 芳 李文波 王金保 乔 亮
张 源 贺军君 兰进宝

自治区改善农村人居环境工作领导小组办公室　2019年6月13日印发

自治区农村人居环境整治工作推进会

会 议 纪 要

第 2 期

自治区改善农村人居环境工作领导小组办公室　　　　2019 年 7 月 26 日

7月26日，自治区农业农村厅巡视员金韶琴主持召开农村人居环境整治工作例会，听取了各相关室、站负责人近期农村"厕所革命"工作开展情况，同时，安排部署下一阶段农村"厕所革命"工作。纪要如下：

会议认为，各市、县(区)全面落实全国及自治区农村人居环境整治暨农村"厕所革命"现场推进会精神，因地制宜制订方案，试点示范先行，科学确定改厕模式，隆德县采用室内一体式、室内隔断式、室外独立式、室内外联通式"四种模式"；海原县、彭阳县等县(区)召开户厕改造产品展示评选会，邀请农户参加评选打分，筛选符合实际、经济适用、简易方便、农户认可的改厕模式；盐池县以室内水冲式厕所为主，全面推进户内水冲式马桶+户外三格式化粪池污水处理改厕模式；贺兰县、泾源县坚持农村改厕与污水处理统筹考虑，一体化推进，取得积极成效。

会议指出，灵武市、西吉县、惠农区、同心县、青铜峡市等县(市、区)目前改厕完成率仍在 5% 以下，要认真督导，进一步提高思想认识，做好宣传发动工作，加快改厕进度、保证改厕质量。未确定技术选型的县(区)建议到外地学习。

会议强调，近期要重点做好四个方面工作：

一、提高政治站位

要深入贯彻习近平总书记关于"厕所革命"的重要指示批示精神,统一思想,统筹协调,指导各市、县(区)齐心协力做好农村厕所革命这件实事好事。

二、树立标杆意识

对隆德县、贺兰县、盐池县等改厕工作扎实的县进行表扬,农村社会事业处每月底统计各地改厕进度,对改厕进度缓慢的县进行通报,奖优罚劣。

三、突出技术重点

按照《宁夏农村改厕技术指导意见》技术规程,加大技术指导,环保站要认真了解各地改厕质量情况,及时发现问题,尽早督促整改,做到建一个、成一个、不留隐患。

四、加强宣传培训

环保站具体负责改厕技术培训,深入基层一线,重点培训县、乡、村三级干部,积极发动群众参与到改厕工作中。

参加人员:金韶琴　虞景龙　王洪波　苏　林　贾向峰　马建军
　　　　　惠　芳　李文波　王金保　乔　亮　赵占强　张　源
　　　　　贺军君

自治区改善农村人居环境工作领导小组办公室　　2019年7月26日印发

自治区农村人居环境整治工作
会议纪要

第 4 期

自治区改善农村人居环境工作领导小组办公室　　　　2019 年 10 月 10 日

---

10 月 10 日，自治区农业农村厅巡视员金韶琴同志主持召开农村人居环境整治工作例会，认真总结近期农村人居环境整治暨厕所革命工作开展情况，深入分析存在的突出问题，安排部署下一阶段工作。纪要如下：

会议认为，近期全区农村人居环境整治暨厕所革命进度和质量明显提升，主要得益于三个方面的扎实工作：一是深入扎实学习"民勤经验"。全区认真学习借鉴民勤改厕经验，进一步坚定了农村改厕"建一个、成一个、用一个"的信心和决心。二是深入扎实开展改厕技术培训。农业农村厅组织专家团队在全区 22 个县（市、区）同步举办农村改厕"明白人"专题培训班，累计培训 25 场次，受培训乡镇 175 个，行政村 2 200 个，培训人员 5 000 余人，实现了每个行政村有 2~3 名改厕"明白人"，环保站马建军站长带头讲 7 场次。三是深入扎实抓好工作进度和质量。农业农村厅派出督查组先后开展 5 轮村庄清洁行动督查，明察暗访 22 个县（区）、66 个乡镇、198 个行政村，督查暗访效果明显，全区农村人居环境较年初有明显改观。组织改厕质量检查组对盐池县、大武口区、惠农区、灵武市等地开展农村改厕质量抽检，切实提高农村改厕质量。

会议要求，当前，全区厕所改造有效施工时间不足 30 天，各地农村厕所改造速度明显加快,要防止出现重数量轻质量的情况发生,宁可慢一点,也要好一点,改厕进度要服从质量,确保改厕工作取得实效。

会议强调,近期要重点做好三个方面工作:

一、组织开展改厕质量检查

按照《宁夏农村厕所建设技术性指导意见》,重点对改厕选址、改厕模式、产品质量、施工质量、安装规范、安全防护及用户满意度等方面进行抽查,抽查比例不低于改造户数的10%。2个检查组分别由环保站李文波任第一抽检组组长,能源站马京军任第二抽检组组长,抽检组成员不能更换,每人要准备一把尺子、一个本子、一个册子随身携带。要坚持原则、不走过场,严把技术模式关、质量关、验收关,做到"一把尺子量到底"。要认真核查改厕产品和施工方相关资质,重点关注三格式化粪池材质、体积、选址、埋深、地基、施工、保暖、井盖等技术参数。

二、强化问题整改落实

对检查发现的问题要及时下达整改通知书,并督促限期整改落实,要做到整改不到位不放过、责任不落实不放过,群众不满意不放过。检查发现不合格产品要立即停止使用,无资质施工单位要立即停工,并列入黑名单通报全区。要严把厕具资质证书、检验报告、采购合同、施工质量、运营维护、档案记录、第三方评估等质量控制关键环节。要开展回头看,改厕问题不彻底整改到位不得拨付补助资金。重点关注改厕入户率、合格率、使用率、群众满意率以及已建厕所排查率、整改率。对改厕进度缓慢的青铜峡、原州区、红寺堡、沙坡头、利通区等县(区),农村社会事业促进处、环保站、能源站要按照分片责任制,协调相关调研督导组,加大督导力度,加快工作进度。

三、统筹做好几项重点工作

一是由农村社会事业促进处牵头,能源站、环保站配合,重点围绕村庄清洁行动、厕所革命选择2~3个县,认真总结典型经验,10月底在全区进行综合性宣传报道。二是由环保站具体负责,一周内修改完善农村改厕明白卡、全区农村改厕项目考核验收办法、一村一册、一户一卡等改厕档案样表,统计全区所有改厕产品供应企业及产品、施工企业相关资料。三是由农村社会事业促进处负责,筹备全区农村人居环境整治工作联席会议,邀请财政厅、住建厅、生态环境厅、自然资源厅、卫健委等相关厅局负责人参加,督促农村垃圾治理、污水处理、村庄规划等农村人居环境整治重点落实,同时做好全区改厕进度数据核实和抽查。

参加人员:金韶琴　虞景龙　苏　林　姚金库　罗　锐　贾向峰
　　　　　黄　岩　惠　芳　王金宝　乔　亮　张　源　贺军君
　　　　　赵占强
请　　假:王洪波　马建军　李文波　马京军

自治区改善农村人居环境工作领导小组办公室　　2019年10月10日印发

自治区农村人居环境整治工作
会议纪要

第 1 期（总第 6 期）

自治区改善农村人居环境工作领导小组办公室　　　　2020 年 1 月 14 日

1月13日，自治区农业农村厅一级巡视员金韶琴同志主持召开农村人居环境整治工作例会，听取了近期农村"厕所革命"调研情况及村庄清洁行动工作汇报，认真总结了近期农村改厕项目验收工作，进一步细化了验收标准，统一了验收程序和方法，并就下一阶段全区农村人居环境整治工作进行了安排部署。纪要如下：

会议认为，目前全区最高气温已低于0℃，最低气温-15℃左右，基本处于全年最冷时段。严寒天气是检验2019年全区新改建的11.8万户农村户用卫生厕所能否正常越冬的关键时期，也是开展农村户厕改造项目验收工作的重要时期。改厕验收是检验我们前期工作成功与否的关键一招，要按照"一年四季都能用"的基本要求，认真开展农村厕所改造项目验收工作，全面甄别无法越冬的卫生厕所，力争在3月底前完成全区农村改厕项目验收工作。

会议强调，自治区农业环境保护监测站近期在彭阳县试点开展的农村改厕项目验收工作，为下一步我区全面开展的改厕验收工作积累了宝贵经验，要认真总结推广，助推全区验收工作顺利进行。要切实将验收责任担当起来，不能埋没改厕成绩，也不能包庇问题，要严格按照《宁夏农村厕所改造项目考核验收办法》进行验收,确保改厕质量。重点做好以下几方面工作。

一要积极协调自治区生态环境厅、卫生健康委派出专家参与全区农村厕所改造项目验收工作。特别是对完整下水道厕所的验收工作,要积极采纳自治区生态环境厅专家意见。由农村社会事业促进处苏林同志负责协调自治区卫生健康委选派专业人员共同开展农村改厕验收工作。

二要严格按照验收程序进行验收,乡镇和县(区)实行逐村逐户自查和验收,地级市和自治区分别按照不低于10%的比例开展核查和抽查,验收工作应做到"五个全覆盖",即:覆盖所有乡镇、行政村、改厕模式、产品类型、施工企业,抽查对象不重复,分级验收不替代不合并。对群众不满意不接受、冬季无法正常使用、厕屋选址不当等卫生厕所实行一票否决。乡村公厕要逐个进行验收。

三要始终坚持将厕所好用,农民满意作为根本验收条件,要按照比例认真抽查核实,严格查验改厕档案资料,切实摸清各县(区)、乡改厕完成率、使用率、合格率、满意率。验收单要由自治区验收组及县、乡、村改厕责任人签字,验收结果实行验收方、建设方和改厕户三方认可,对未通过验收的要责令限期整改。在开展全区农村厕所改造项目验收的同时,要尽快建立改厕产品、施工企业"黑名单",禁止不合格产品和施工企业进入宁夏市场。

四要强化经费和人员保障,自治区环保站、能源站要动员干部职工积极参与验收工作,并按照规定充分保障验收人员食宿及租车费用。各验收组成员要严守中央八项规定、自治区若干规定精神和"基层减负年"具体要求,轻车简从,务实俭廉。

参加人员:金韶琴　虞景龙　苏　林　姚金库　罗　锐　米湘胜
　　　　　马京军　黄　岩　李文波　王金宝　张　源　贺军君
　　　　　赵占强
列席人员:自治区环保站、能源站改厕验收组全体成员

自治区改善农村人居环境工作领导小组办公室　　2020年1月14日印发

自治区农村人居环境整治工作
会议纪要

第 5 期（总第 10 期）

自治区改善农村人居环境工作领导小组办公室　　　　2020 年 5 月 12 日

5 月 11 日，自治区农业农村厅一级巡视员金韶琴同志主持召开农村改厕验收工作专题会，重点针对石嘴山市、固原市等部分县（区）在农村改厕验收过程中出现的问题进行研究，深入分析原因，并对相关县（区）就改厕问题提出整改意见。纪要如下：

会议指出，近期自治区农村能源工作站和农业环境保护监测站组织相关专家、技术人员重点对大武口区、惠农区和原州区农村户厕进行自治区级验收，按照《宁夏回族自治区农村厕所改造项目考核验收办法》，重点从任务完成率、厕所合格率、使用率、群众满意度等"三率一度"方面进行。从验收结果看，相关县（区）仍然存在改厕档案不完善、三格式化粪池串水、县级验收未开展等问题，特别是原州区张易镇陈沟村美丽乡村户厕改造项目合格率、使用率、满意度不高，改厕问题突出。

会议强调，农村改厕质量问题是农村"厕所革命"成败的关键，要始终坚持厕所好用、农民满意这个基本原则，确保改一个、成一个、用一个，一年四季都能用。在改厕技术上，要始终按照《宁夏农村厕所建设技术指导意见》《宁夏农村钢筋混凝土三格式化粪池建设技术指导意见》《宁夏农村节水防冻型地下储水式高压冲水厕所建设技术性指导意见》，严格施工作业；在改厕模式上，要因地制宜选择符合各地实际的环保型、资源型和人工资源型三种建设类型。

会议要求，农村改厕要坚持"好"字当头，质量优先，当前组织相关市县认真查摆问题，切实做好整改，把好事办好、实事办实。一是自治区能源站对石嘴山市农村改厕问题全面梳理，提出整改意见，以自治区改善农村人居环境工作领导小组办公室行文反馈给石嘴山市改善农村人居环境工作领导小组；二是自治区环保站对原州区住建部门建设改厕项目全面摸排，形成问题清单反馈自治区住房和城乡建设厅和原州区改善农村人居环境工作领导小组，督促"问题厕所"抓紧整改。同时，指导西吉县农业农村局对群众向农业农村部反映改厕问题，积极开展入户调查、查找原因；三是农村社会事业促进处对红寺堡区农村改厕问题进行全面梳理，下发督办函，督促红寺堡区尽快复工复产；四是自治区环保站、能源站继续做好改厕质量监督和技术培训指导，督促各地做好改厕产品送检，对使用不合格改厕产品的要立即叫停。改厕产品、施工建设单位招投标由县级统一进行，推广钢筋混凝土三格式化粪池户厕建设，切实解决化粪池透水等突出问题，切实提高农村改厕质量。

参加人员：金韶琴　苏　林　罗　锐　金光普　姚金库　马建军
　　　　　王金保　马京军　黄　岩　惠　芳　黄小华　王君梅
　　　　　曹彦龙

自治区改善农村人居环境工作领导小组办公室　　2020年5月12日印发

自治区农村人居环境整治工作会议纪要

第 6 期（总第 11 期）

自治区改善农村人居环境工作领导小组办公室　　　2020 年 6 月 12 日

6月10日，自治区农业农村厅一级巡视员金韶琴同志主持召开农村改厕严格管理三格式化粪池质量工作专题会，自治区市场监管厅、自治区住房和城乡建设厅、第三方检测机构以及农业农村厅农村社会事业促进处和农业环境保护监测站相关负责同志参会。会议从标准规范、检测指标、备案要求、产品抽检等方面进行了深入研究讨论，分析市场及使用过程监管环节，对进一步加强我区农村改厕过程中三格式化粪池的质量管控提出意见。纪要如下：

会议指出，近期自治区农业环境保护监测站和农村能源工作站组织相关专家，按照《宁夏回族自治区农村厕所改造项目考核验收办法》对全区农村户厕改造进行验收，结果发现，部分县（区）使用的三格式化粪池虽然经自治区备案，但依然存在格间串水、结构不合规等严重质量问题。

会议强调，严把农村改厕质量问题是农村"厕所革命"成败的关键，三格式化粪池产品质量的管理尤为重要，要严把产品入市和使用关口，确保改一个、成一个、用一个，一年四季都能用。

一是原则同意《关于发布三格式化粪池供应企业合格产品名录的通知（第三批）》，此次发布宁夏力通环保科技有限公司、宁夏金霸塑料制品有限公司、江西明辉环保科技有限公司、山东福源设备安装有限公司、山东东信塑料科技有限公司等5家企业。

二是从6月10日起,凡新进入我区市场的三格式化粪池备案产品必须按照《农村三格式户厕建设技术规范》(GB/T 38836—2020)三格化粪池的相关要求以及CJ/T 489和CJ/T 409的相关规定,增加相应检测指标,具体指标由自治区农业环境保护监测站审定。

三是各地要按照自治区人居办发布的备案名录,择优选择相关企业的产品,并按照《关于发布三格式化粪池供应企业合格产品名录的通知(第二批)》的具体要求,做好产品批次抽检,对抽检不合格的产品和企业及时取消合格产品备案资格;检测机构要认真做好检测登记和记录,与检测结果一式三联送备案单位、送检单位和企业,并对检测结果真实性负法律责任。

四是加强三格式化粪池质量监督管理,对使用不合格三格式化粪池的县(区)要严肃问责处理,在使用过程中发生格间串水、化粪池塌陷等严重质量问题的,对相关企业列入"黑名单",凡进入"黑名单"的企业,其产品不得进入宁夏市场,施工企业不得在我区承揽农村改厕工程。

参加人员:金韶琴　苏　林　霍　强　白　昕　罗　锐　马建军
　　　　　王金保　雷　震

自治区改善农村人居环境工作领导小组办公室　　2020年6月12日印发

自治区农村人居环境整治工作
会议纪要

第 11 期（总第 16 期）

自治区改善农村人居环境工作领导小组办公室　　　2020 年 8 月 28 日

8 月 28 日，自治区农业农村厅一级巡视员金韶琴同志主持召开农村人居环境整治暨"厕所革命"推进工作例会，农村社会事业促进处、农业环境保护监测站、农村能源工作站负责同志参会。会议听取了一处两站近期工作以及 11 名处级干部一二类县包县情况汇报，并对下阶段工作安排部署。纪要如下：

会议指出，近期，自治区农业农村厅通过对各县（区）重点督查、跟踪督查、现场督办，及时协调解决瓶颈问题，各县（区）改厕工作重视程度和工作成效明显变化。比如，永宁县增加改厕经费投入，每户改厕补助提高到 4 000 元；贺兰县对改厕数据进行全面摸排，甄别核实虚报数据，重新纳入改厕任务；灵武市及时发现并叫停串水化粪池产品，进行全面排查整改。兴庆区提高标准，自加压力，提出年内所有农户卫生厕所应改尽改。但也要清醒地认识到，当前全区改厕形势整体上不容乐观，一些县（区）仍存在进度缓慢、虚报改厕数据等问题，我们要切实采取针对性措施，认真加以解决。

会议强调，农村"厕所革命"，事关全面建成小康社会，事关广大农村群众的根本福祉，必须全力以赴确保农村人居环境整治三年行动改厕任务目标全面完成。一是坚定信心、攻坚克难。要加大工作力度，抓住当前户外施工黄金期,提速度,追进度,确保9月底前高质量完成户厕改造任务。针对部分县(区)重视程度不够、配套资金不到位、进度缓慢、质量不高等问题,要继续与该县(区)主要领导协调对接,压实县(区)主体责任,把矛盾和问题解决在基层组织和基层一线。二是坚持原则,守住底线。始终坚持好字当头、质量优先、注重实效。包县干部要通过深入走访,对改厕数据的真实性进行核实,确保改厕数据真实可靠。对于督查发现的不合格改厕产品,该叫停的立即叫停、该整改的立即整改,绝不能搞变通,打"擦边球",蒙混过关,绝不放过一个不合格的厕所。特别是加强对2019年、2020年质量不合格厕所,要边查边改,逐项销号。对改厕进度和质量问题严重的县(区),要会同纪检组进行约谈。三是分类指导,精准施策。对每个县或每个乡督查出现的问题,要提出有针对性且较为具体的整改意见,确保问题整改落到实处。对近期在利通区等地督查过程中发现的问题,要及时下发整改通知书。厅农村社会事业促进处要积极协调财政落实全区农村人居环境整治示范县、示范村奖补资金。

参加人员:金韶琴　苏　林　米湘胜　马建军　罗　锐　姚金库
　　　　　马京军　黄　岩　李文波　王金保　曹彦龙

自治区改善农村人居环境工作领导小组办公室　　　2020年8月28日印发

自治区农村人居环境整治工作
会议纪要

第 3 期（总第 22 期）

自治区改善农村人居环境工作领导小组办公室　　　　2021 年 7 月 7 日

7月6日，自治区农业农村厅一级巡视员金韶琴同志主持召开农村人居环境整治工作例会，农村社会事业促进处、农业环境保护监测站、农村能源工作站负责同志参会。会议传达了7月4日全国村庄清洁行动现场会精神，听取了11个现场指导组近期对各地农村"厕所革命"现场督导和实地核查情况的汇报，并对有关工作进行了安排部署。纪要如下：

会议指出，2018年12月以来，各地农业农村部门充分发挥牵头抓总职能，会同有关部门聚焦农民群众"如厕难"、村庄环境"脏乱差"等问题，扎实推进农村厕所革命，压茬推进村庄清洁行动各阶段战役，全区卫生厕所普及率明显提高，村庄基本实现干净整洁有序，农村人居环境逐步改善，为打赢脱贫攻坚战、全面建成小康社会作出了积极贡献。年初，自治区安排部署了农村人居环境整治三年行动成果"回头看"，通过现场检查发现，个别还存在思想认识不到位等问题，有的县（区）摸排整改工作只开展了改厕数据统计，没有建立问题整改台账，有的地方特别是县一级对2021年户厕改造并不重视，没有认真抓，导致工作进展缓慢；有的县（区）村庄清洁行动还存在死角盲区，仍然停留在打扫卫生阶段，采取的整治措施不够有力，效果只浮于表面，反弹现象明显。对此，我们要深入研究,认真加以解决。

会议强调,改善农村人居环境,是实施乡村建设行动、推进乡村全面振兴的重点任务,也是广大农民群众的深切期盼。一思想认识上要再提高。切实提高政治站位,把学习贯彻习近平总书记关于改善农村人居环境的重要指示批示和视察宁夏重要讲话精神结合起来,把实施农村人居环境整治提升五年行动和建设黄河流域生态保护和高质量发展先行区结合起来,把推进今年改厕任务和做好摸排整改工作结合起来,紧盯各项重点和目标任务,不能松劲,更不能懈怠,不断增强责任心和使命感,要以钉钉子的精神切实把这项民生工程抓实抓好,让广大农民群众有更多、更直接、更实在的获得感。二是摸排工作上要再深入。深刻认识厕所问题摸排工作的重要性和复杂性,摸排要分清改厕的时间阶段,把2018年实施厕所革命后新建的和2018年及以前改造的区分开来,认真对待,全面摸排,不管是哪个部门牵头改的,都要统筹纳入摸排,报废的、不存在的厕所也要查清底数,认真排查、反复核对,同时建立问题清单和整改台账,不能有重叠或者遗漏,彻底摸清底数,查明问题,不留死角。三是问题整改上要再聚焦。近日,新华社动态清样反映了相关省"厕所革命"存在的问题,其中我区中宁县喊叫水乡2018年建设的农村厕所因冲水不便导致不能使用的情况也被列入其中,为此,我们进行了现场调查核实,并责成中宁县认真对待,吸取教训,立即整改。11个现场指导组要加强督促指导和检查抽查,坚持问题导向,发现问题,立即整改,做到边排查边整改,完成一项、销号一项。各县(区)要举一反三,引以为戒,把整改工作落实好,把改厕质量抓好,防止此类问题再次出现。四是新建任务上要再发力。今年,自治区政府工作报告提出改造卫生户厕3.5万户和整村推进300个行政村的目标任务,截至目前,时间过半,任务仍未过半。11名包抓处级干部要进村入户,不能走马观花,以驻村蹲点、明察暗访等方式,督促各县(区)切实履行主体责任,抓紧施工,加快建设步伐,加强双周调度和约谈提醒,不间断跟踪问效,适时向书记县长反映情况。同时,自治区督导组将重点对红寺堡区、中宁县、沙坡头区、原州区、泾源县、闽宁镇等地区开展全境督查暗访,持续加强改厕全过程监管,确保改一个、成一个、用一个,一年四季都能用,力争9月底前完成摸排工作和今年3.5万户改厕任务。

自治区改善农村人居环境工作领导小组办公室　　2021年7月7日印发

附录2：整改通知

宁夏回族自治区改善农村人居环境工作领导小组办公室

关于加强农村改厕质量问题整改工作的通知

各市、县(区)农业农村局：

农村改厕是一项重要的民心工程，习近平总书记高度重视、始终牵挂，多次强调厕所问题不是小问题，要及时发现问题，务必把好事办好。近期，中央农办、农业农村部下发紧急通知，要求坚决克服当前农村改厕突出问题。自治区党委和政府主要领导及分管领导分别作出重要批示，要求积极、科学、稳步推进改厕工作，坚决杜绝形式主义和官僚主义，坚决防止表面文章，确保把工作做细做实，确保把好事办好、实事办实。为加强全区改厕质量，现就有关事宜通知如下：

一、高度重视农村改厕质量管控工作

近期，我厅派出2个改厕质量检查组对各县(区)改厕质量进行实地监督检查。经查，部分县(区)仍然存在改厕质量把关不严的问题，我厅已向有关县(区)下达了整改通知书。有的改厕产品没有质量检测报告或送检不合格；有的化粪池壁厚和容积小于规定标准，材质强度和韧性不符合质量要求，容易出现变形或破损；有的装配式三格化粪池密封性不好，存在漏水现象；有的化粪池未采用厌氧发酵方式,粪便不能无害化处理;有的化粪池隔板边缘不密闭或没有安装过粪管,三格变一格,无法深度发酵;有的产品无法提供有效的检验报告;有的施工过程中,缺乏施工监理和有效监管,存在厕所选址不当、罐体埋深不够、没有保暖措施等质量隐患,无法正常越冬。请县(市、区)高度重视改厕质量问题,对存在的问题要举一反三,重点关注对同类问题同类产品进行全面排查,并坚决予以更换。坚决把住改厕产品质量和施工质量关,坚决杜绝重数量轻质量的情况发生,宁可慢一点,也要好一点,做到进度服从质量,数量服从质量,确保农村厕所建一个、成一个、用一个,一年四季都能用。

二、切实加强改厕质量问题整改

各市、县(区)对自治区检查发现和通报的问题要限期整改落实,做到整改不到位不放过、责任不落实不放过,群众不满意不放过。

1. 对三格式化粪池壁厚、容量、强度等关键技术参数不符合要求和无产品质量检验报告的要立即停止使用并及时送区内相关检测机构检测,经检测不合格且存在严重质量问题产品的要坚决予以更换并在原址重新建设。对化粪池埋深不够的必须落实保温措施,确保能正常越冬。

2. 对违规生产不合格改厕产品的企业,一旦发现,要将其列入企业黑名单并及时上报。自治区农业农村厅定期将黑名单企业向全区通报,防止其他县(区)继续使用。

3. 对不按施工规范施工的改厕企业,要立即停工并进行整改,经整改工程质量仍未达标的,要重新选择施工企业。

4. 对改厕质量不合格的且整改不彻底的企业不得支付改厕补助经费。

当前,全区农村改厕任务仍十分繁重,各县(区)要认真吸取经验教训,对标改厕目标及早谋划明年改厕工作。要严格遵循《宁夏农村厕所建设技术性指导意见》及国家改厕相关技术标准,坚持好字当头,严把厕具资质证书、检验报告、采购合同、施工监理、运营维护、档案记录、第三方评估等质量控制关键环节,谨慎选择改厕产品和施工企业,紧盯三格式化粪池材质、壁厚、强度、硬度、容积、埋深等技术参数,确保改厕质量合格。

自治区改善农村人居环境工作

领导小组办公室(代章)

2019 年 11 月 11 日

宁夏回族自治区改善农村人居环境工作领导小组办公室

某某县农村户厕改造质量存在问题及整改要求

某某县农业农村局：

10月10日，农业农村厅农村户厕改造质量第二检查组对某某县农村户厕建设质量进行检查，发现如下问题：

施工建设企业	三格式化粪池生产企业
江苏蓝天净化工程有限公司	西安炫淋生态能源开发有限公司
宁夏派睿思建筑工程有限公司	安徽芜湖优聚塑模有限公司
夏科力特建设工程有限公司	西安炫淋生态能源开发有限公司

以上塑料三格式化粪池生产企业出具的产品检验报告结论均不明确，经送检，产品最小壁厚、抗冲击性能不符合国家 CJ/T 489—2016 标准。

整改要求：

1. 以上两家企业生产的三格式化粪池不符合国家标准，存在质量问题，现要求停止使用。

2. 采用以上产品建设完成的1 750套三格式化粪池，按照"谁建设谁整改"的原则立即整改，对质量严重不合格的全部重建，按照《关于加强农村改厕质量问题整改工作的通知》要求，并拿出具体整改措施。

自治区改善农村人居环境工作

领导小组办公室（代章）

2019年11月11日

宁夏回族自治区改善农村人居环境工作领导小组办公室

某某区农村户厕改造质量存在问题及整改要求

某某区农业农村局：

10月15日，农业农村厅农村户厕改造质量第二检查组对某某区农村户厕建设质量进行检查，发现如下问题：

施工建设企业	三格式化粪池生产企业
宁夏广鑫建设工程有限公司	河北隆康玻璃钢有限公司
固原创兴能源有限公司	邢台市源美塑料科技有限公司
宁夏汇普新能源科技有限公司	河北阔龙环保设备有限公司
固原市基儒建设工程有限公司	河北六强环保科技有限公司
宁夏志力建设工程有限公司	陕西欧浦睿环保科技有限公司
银川恒泰世纪化工有限公司	河北盛宝环保设备有限公司

以上六家玻璃钢三格式化粪池生产企业出具的产品检验报告结论均不明确，经送检，产品拉伸强度、弯曲强度、初始环刚度不符合国家 CJ/T 409—2012 标准。

整改要求：

1. 以上六家企业生产的三格式化粪池不符合国家标准，存在质量问题，现要求停止使用。

2. 采用以上产品建设完成的 1 500 套三格式化粪池，按照"谁建设谁整改"的原则立即整改，对质量严重不合格的全部重建，按照《关于加强农村改厕质量问题整改工作的通知》要求，并拿出具体整改措施。

自治区改善农村人居环境工作

领导小组办公室（代章）

2019年11月11日

宁夏回族自治区改善农村人居环境工作领导小组办公室

关于某某县农村改厕问题的整改通知

某某县农业农村局：

2019年10月29日和11月4日，厅农村户厕质量第一检查组对某某县2019年建设的农村户厕3个施工单位产品及安装质量进行了现场抽查，从抽查情况看，主要存在以下问题：

1. 宁夏食味天餐饮管理有限公司承建的某某县金贵镇雄英村所用的河北华强科技开发有限公司生产的三格式玻璃钢化粪池无检测报告，壁厚5 mm，无过粪管、通气孔；在装配安装过程中未进行注水试验；排气管安装在厕屋与三格式化粪池之间的入粪管上。

2. 宁夏鲁中文远建材销售有限公司承建的某某县常信乡新华村所用的山东文远环保科技股份有限公司生产的三格式化粪池检测报告依据的是山东省地方标准技术要求；在装配安装过程中未进行注水试验；罐体埋深1.1 m，不符合化粪池顶部距地面不少于1.5 m要求；排气管安装在厕屋与三格式化粪池之间的入粪管上；排气管安装高度不够，没有达到高过厕屋50 cm的技术要求。

3. 启融通建设有限公司承建的某某县洪广镇高荣村所用三格式化粪池无检测报告，壁厚4 mm，罐体埋深0.7 m，不符合化粪池顶部距地面不少于1.5 m要求；容积1.5 m³，无过粪管，为一体化净化槽设备，与自治区规定的单户三格式化粪池技术参数不符，反应原理不同。

针对存在的问题，提出以下整改意见：

1. 对宁夏食味天餐饮管理有限公司和启融通建设有限公司所用的三格式化粪池送检，检测项目要完整，结果要明确。宁夏鲁中文远建材销售有限公司所用的三格式化粪池要出具符合国家行业标准技术要求的检测报告。

2. 对经检测确定的三格式化粪池壁厚、容量、强度等关键技术参数不符合要求的产品要立即停止使用，对存在严重质量问题的产品要坚决予以更换并在原址重新建设。

3. 对要求送检而未及时送检的产品和检测结论不明确的产品视为不合格产品，要停止使用。11 月 30 日前将送检结果报送我办。

自治区改善农村人居环境工作

领导小组办公室（代章）

2019 年 11 月 18 日

宁夏回族自治区改善农村人居环境工作领导小组办公室

关于某某县农村改厕问题的整改通知

某某县农业农村局：

2019年10月22日，厅农村户厕质量第一检查组对某某县2019年建设的农村户厕4个施工单位产品及安装质量进行了现场抽查，从抽查情况看，主要存在以下问题：

1. 宁夏浩迪科技有限公司承建的某某县高崖乡新民村、香水村农村厕所三格式化粪池产品，第三格无水位线、无排水装置。

2. 宁夏铸世达实业有限公司承建的某某县李旺镇团结村所用的山东东信塑胶有限公司生产的三格式化粪池无检测报告，罐体壁厚7 mm（无加筋）；排气管安装高度不够，没有达到高过厕屋50 cm的技术要求；观察井盖薄、脆，安全防护设施不到位。

3. 宁夏睿源环保销售有限公司承建的某某县甘城乡乔畔村所用的陕西欧浦睿环保科技有限公司生产的三格式化粪池检测报告内容数据不全，壁厚5 mm（无加筋）。

针对存在的问题，提出以下整改意见：

1. 对宁夏浩迪科技有限公司生产的三格式化粪池要加装排水装置。

2. 对宁夏铸世达实业有限公司和宁夏睿源环保销售有限公司所用的三格式化粪池送检。检测项目要完整，结果要明确。

3. 对经检测确定的三格式化粪池壁厚、容量、强度等关键技术参数不符合要求的产品要立即停止使用，对存在严重质量问题的产品要坚决予以更换并在原址重新建设。

4. 对要求送检而未及时送检的产品视为不合格产品，要停止使用。11 月 30 日前将送检结果报送我办。

自治区改善农村人居环境工作

领导小组办公室（代章）

2019 年 11 月 18 日

宁夏回族自治区改善农村人居环境工作领导小组办公室

督 办 函

原州区改善农村人居环境整治领导小组：

近期，我办接到群众反映原州区张易镇陈沟村农村户厕存在严重质量问题，5月6—7日，我办检查组赶赴现场实地进行抽查，发现问题如下：

一、基本情况

原州区张易镇陈沟村建设的50户农村厕所是2018年原州区美丽村庄建设配套项目，由原州区住房城乡建设和交通运输局在2018年招标，宁夏鎏铭建设工程有限公司中标并于2019年建设完成，资金来源为原州区2018年地方债券资金（自治区专项），陈沟村共支出美丽村庄建设项目资金440.98万元（由于农村厕所项目未决算审计，用于农村户厕建设资金金额不清）。

二、存在问题

（一）产品检验报告缺少主要指标。陈沟村使用的玻璃钢三格式化粪池为宁夏威尔森环保设备有限公司生产，该企业提供的产品检验报告缺少弯曲强度、巴氏硬度、吸水率、冲击强度、渗漏试验和初始环刚度等项目。

（二）农村厕所抽检合格率0%。共检查50户，其中22户因家中无人，厕屋未检查，其余28户厕屋全部建在院内。已检查的28户厕屋中有22户将厕屋用作储物间堆放杂物，17户水电未通，13户厕屋漏雨，3户厕屋未建好、马桶未安装，1户马桶水箱漏水。检查的50户三格式化粪池中有2户隔板变形、串水，5户坍塌、破损，8户因三格式化粪池破损农民自行挖出。50户三格式化粪池均存在地坪未硬化、排气管未安装或安装不规范、埋深较浅（最浅埋深10 cm，最深埋深 1 m)等问题。

(三)农村厕所抽检使用率 0%。由于农村厕所建设质量存在问题且未配套吸污泵,农户无法使用。

(四)农户对改厕抽检满意率 0%。28 户农户对农村厕所建设质量均不满意。

三、整改意见

(一)对张易镇陈沟村 2019 年安装的三格式化粪池全部更换质量合格产品,保证农户可以正常使用;对厕屋未建好、漏雨的进行修砌整改,配套完善马桶、吸污泵、水电等相关设施;对化粪池地坪未硬化、排气管安装不规范、埋深不够等问题及时整改。

(二)对原州区美丽村庄农村改厕项目建设农村户厕所进行逐户检查验收,对发现以上问题的厕所按照本整改意见及时整改到位。

(三)2020 年农村户厕改造三格式化粪池采购可参照宁夏农村"厕所革命"产品供应企业(三格式化粪池)合格名录,禁止采购未送检或经检测的不合格产品。

(四)坚持质量第一,聚焦陈沟村改厕问题,举一反三,全面摸排农村改厕问题,严格按照《宁夏农村厕所建设技术指导意见》建设,强化改厕质量管理,加大改厕技术培训,确保农村厕所建一个、成一个、用一个,一年四季都能用。

附件:原州区张易乡陈沟村户厕改造问题清单

自治区改善农村人居环境工作

领导小组办公室(代章)

2020 年 5 月 15 日

附件

原州区张易乡陈沟村户厕改造问题清单

模式类别	序号	地点		姓名（户主）	主要问题	备注
		乡(镇)	村			
三格式化粪池户厕	1	张易乡	陈沟村二组	张某杰	厕屋用作储物间,水电未通、漏雨;三格式化粪池排气管断裂,隔板未打胶密封,无过粪管,壁厚小于7 mm;地坪未硬化,埋深较浅;未使用	
	2			路某	厕屋用作储物间,水电未通、漏雨;雨水进入三格式化粪池,已满;地坪未硬化,埋深较浅;未使用	
	3			张某银	厕屋用作储物间,水电未通、漏雨;三格式化粪池无排气管,隔板变形、串水;地坪未硬化,埋深较浅;未使用	
	4			马某秀	厕屋用作储物间,水电未通、漏雨;三格式化粪池无排气管,隔板未打胶密封,无过粪管,壁厚小于7 mm;雨水渗入三格式化粪池;地坪未硬化,埋深较浅;未使用	
	5			张某祥	厕屋用作储物间,水电未通、漏雨;三格式化粪池排气管高度不够,隔板未打胶密封,无过粪管,壁厚小于7 mm;地坪未硬化,埋深较浅;未使用	
	6			张某齐	厕屋用作储物间,水电未通、漏雨;三格式化粪池排气管高度不够,隔板未打胶密封,无过粪管,壁厚小于7 mm;地坪未硬化,埋深较浅;未使用	
	7			张某林	厕屋用作储物间,水电未通、漏雨;三格式化粪池排气管高度不够,三格式化粪池农民自行挖出;地坪未硬化	

续表

模式类别	序号	地点 乡(镇)	地点 村	姓名(户主)	主要问题	备注
三格式化粪池户厕	8	张易乡	陈沟村二组	王某娃	厕屋用作储物间,厕屋未建好,马桶未装,水电未通;三格式化粪池排气管高度不够,隔板未打胶密封,无过粪管,壁厚小于7 mm;地坪未硬化,埋深较浅;未使用	
	9			刘某杰	厕屋用作储物间,水电未通、漏雨;三格式化粪池无排气管,隔板未打胶密封,无过粪管,壁厚小于7 mm;雨水渗入三格式化粪池;地坪未硬化,埋深较浅;未使用	
	10			王某军	厕屋用作储物间,水电未通、漏雨;三格式化粪池排气管高度不够;地坪未硬化,埋深较浅;未使用	
	11			张某仓	厕屋用作储物间,水电未通、漏雨;三格式化粪池无排气管;地坪未硬化,埋深较浅;未使用	
	12			张某智	三格式化粪池排气管高度不够,三格式化粪池坍塌、破损;地坪未硬化,埋深较浅;未使用	家中无人厕屋未看
	13			司某十	排气管高度不够;地坪未硬化,埋深较浅;未使用	家中无人厕屋未看
	14			王某花	排气管高度不够;地坪未硬化,埋深较浅;未使用	家中无人厕屋未看
	15			刘某明	三格式化粪池排气管高度不够,三格式化粪池坍塌、破损;地坪未硬化,埋深较浅;未使用	家中无人厕屋未看
	16			王某娃	三格式化粪池排气管高度不够,隔板未打胶密封,无过粪管,壁厚小于7 mm;地坪未硬化,埋深较浅;未使用	家中无人厕屋未看
	17			张某向	厕屋用作储物间,水电未通;三格式化粪池排气管高度不够,三格式化粪池变形、破损;地坪未硬化,埋深较浅;未使用	

续表

模式类别	序号	地点 乡(镇)	地点 村	姓名（户主）	主要问题	备注
三格式化粪池户厕	18	张易乡	陈沟村二组	王某序	厕屋用作储物间,水电未通、漏雨；农户不安装三格式化粪池	
	19			路某军	厕屋用作储物间,水电未通；三格式化粪池排气管高度不够,三格式化粪池农户自行挖出；地坪未硬化,埋深较浅,未使用	
	20			张某平	三格式化粪池排气管高度不够；地坪未硬化,埋深较浅；未使用	家中无人厕屋未看
	21			路某荣	厕屋用作储物间,水电未通；三格式化粪池排气管高度不够,隔板未打胶密封,无过粪管,壁厚小于7 mm；地坪未硬化,埋深10 cm；未使用	
	22			张某亮	厕屋用作储物间,水电未通；三格式化粪池排气管高度不够,罐体破裂；地坪未硬化,无窖井盖,埋深90 cm；未使用	
	23			张某奇	三格式化粪池排气管高度不够；地坪未硬化,埋深较浅；未使用	家中无人厕屋未看
	24			张某奇	三格式化粪池无排气管；地坪未硬化,埋深较浅；未使用	家中无人厕屋未看
	25			杨某花	三格式化粪池无排气管；地坪未硬化,埋深1 m；未使用	家中无人厕屋未看
	26			刘某育	排气管高度不够,无过粪管；埋深40 cm,地坪未打,串水	家中无人厕屋未看
	27			李某智	马桶水箱漏水、化粪池冬季结冰不能使用,排气管高度不够,无过粪管；地坪未打；埋深30 cm	
	28			吕某国	厕屋用作储物间；三格式化粪池雨后塌方,已自行拆除	
	29			张某安	隔板变形、排气管高度不够,埋深40 cm；地坪未硬化	家中无人厕屋未看

续表

模式类别	序号	地点 乡(镇)	地点 村	姓名(户主)	主要问题	备注
三格式化粪池户厕	30	张易乡	陈沟村二组	张某强	无排气管；埋深70 cm；进粪管高于罐口，安装在波纹管上；地坪未硬化	家中无人厕屋未看
	31			张某信	三格式化粪池农户自行挖出；水厕、旱厕在一个屋内	
	32			张某林	厕屋用作储物间，水电未通；三格式化粪池排气管高度不够；地坪未硬化，埋深较低；未使用	
	33			张某成	厕屋未完工；罐体埋于地面；排气管高度不够，无过粪管；地坪未硬化	
	34			路某锋	化粪池未埋入	家中无人厕屋未看
	35			路某刚	厕屋用作储物间；雨后化粪池坍塌，农户自行挖出	
	36			路某吉	厕屋用作储物间，漏雨，屋顶倾斜；排气管高度不够，无过粪管，埋深30 cm；地面未硬化	
	37			路某社	厕屋距化粪池太远；无排气管；埋深不够；无过粪管；地坪未硬化	
	38			王某义	厕屋用作储物间；无排气管；埋于地面，无过粪管，地坪未硬化	
	39			路某军	排气管高度不够；埋深60 cm；无过粪管；地坪未硬化	家中无人厕屋未看
	40			王某强	未使用；无排气管；埋深30 cm；无过粪管；地坪未硬化	
	41			路某栋	排气管高度不够；无过粪管；埋深较浅；地坪未硬化	家中无人厕屋未看
	42			路某忠	排气管高度不够；无过粪管；埋深较浅；地坪未硬化	家中无人厕屋未看
	43			刘某霞	排气管高度不够；无过粪管；埋深较浅；地坪未硬化	家中无人厕屋未看
	44			张某林	排气管高度不够；无过粪管；埋深较浅；地坪未硬化	家中无人厕屋未看

续表

模式类别	序号	地点		姓名（户主）	主要问题	备注
		乡(镇)	村			
三格式化粪池户厕	45	张易乡	陈沟村二组	张某毕	化粪池自行挖出	家中无人厕屋未看
	46			张某义	排气管高度不够；无过粪管；埋深较浅；地坪未硬化	家中无人厕屋未看
	47			张某虎	排气管高度不够；无过粪管；埋深较浅；地坪未硬化	家中无人厕屋未看
	48			路某刚	施工未完成，马桶未安装；化粪池未安装	
	49			郑某梅	排气管高度不够；无过粪管；埋深较浅；地坪未硬化	家中无人厕屋未看
	50			王某富	厕屋用作储物间；三格式化粪池被地下水冲出	
					所有组装式三格化粪池均为 1.5 m^3，三格比例不是 2:1:3	

宁夏回族自治区改善农村人居环境工作领导小组办公室

督 办 函

红寺堡区改善农村人居环境工作领导小组：

农村"厕所革命"是习近平总书记多次作出重要指示批示、亲自关心、亲自倡导、亲自谋划部署的重要工作，也是事关决胜脱贫攻坚、如期全面建成小康社会的重要指标之一。自治区党委和政府高度重视，陈润儿书记、咸辉主席多次作出批示要求，姜志刚副书记、王和山副主席专题研究部署，持续高位强力推动。2019年，红寺堡区计划改造户厕5 500户，上报完成2 750户，县级验收至今未开展，其中已完工1 050户改厕质量不高，1 700户仅安装化粪池不见厕屋，属"半拉子工程"。2020年，红寺堡区3 000户改厕任务至今未动工，从督导调研看，红寺堡区乡村两级干部思想上不重视，没有把改厕工作作为重要的政治任务来抓；改厕模式选型不科学，大量户厕建到了院外，不方便群众使用；配套资金不到位，工作责任未落实，改厕进度严重滞后，在全区22个县、市（区）改厕调度排序倒数第一，已严重影响到全区改厕任务的完成。

2020年是农村人居环境整治三年行动的收官之年，望你县高度重视，按照"五级书记"抓乡村振兴、抓农村人居环境整治的要求，进一步提高政治站位，切实增强乡村两级干部农村"厕所革命"重要性认识，切实落实工作责任，认真研究解决当前农村改厕工作中存在问题，加快改厕进度，切实提高改厕质量，高质量完成农村"厕所革命"三年行动目标任务，顺利迎接年底国务院农村人居环境整治大检查。

自治区改善农村人居环境工作

领导小组办公室（代章）

2020年7月10日

宁夏回族自治区改善农村人居环境工作领导小组办公室

关于对农村户厕验收发现问题进行整改的通知

某某县改善农村人居环境工作领导小组：

  为推动党中央、国务院和自治区农村人居环境整治重大决策部署落实并取得成效，2020年4月至8月，自治区农业农村厅对全区农村户厕进行了抽查验收，并对发现问题的整改情况进行了督查。2019年某某县农村户厕改造任务11 000户，上报完成9 731户。但在抽查验收中发现，改厕合格率仅为26.51%，存在三格式化粪池壁厚不合格、串水严重，后期运维机制未建立，部分已改造厕所与厨房不分等问题。直至目前，整改工作进展缓慢，整改工作不落实，并存在质量安全隐患。为贯彻落实自治区改善农村人居环境领导小组的要求，抓紧彻底整改，现就整改工作提出以下意见。

  一、报送整改方案

  某某县要针对存在的问题，认真研究分析问题产生的原因，组织专家论证，找到解决问题的技术方法，直至重建。挽回问题厕所造成的损失和影响，分类制订方案，抓紧工作，整改方案请于2020年8月31日前报自治区农业农村厅。

  二、报告整改结果

  某某县要认真按照整改方案明确的目标和时限完成整改任务，整改报告请于2020年9月30日前报自治区农业农村厅。

  某某县要提高对整改工作的认识，主要负责同志亲自布置，分管负责同志具体负责，涉及多部门的问题，要向县委、县政府主要领导同志汇报，形成相关部门主动配合的工作机制。对存在的问题要引以为戒,举一反三,并同步完成 2020 年农村厕所改造任务,确保类似问题不再发生。

自治区改善农村人居环境工作

领导小组办公室(代章)

2020 年 8 月 21 日

宁夏回族自治区改善农村人居环境工作领导小组办公室

某某区农村户厕改造专项检查情况反馈

某某区委、区政府及改善农村人居环境工作领导小组：

2021年自治区下达某某区户厕改建任务4 000户，某某区于2021年12月5日—28日对项目完成情况进行了验收，上报新（改）建农村卫生户厕4 000户，任务完成率100%，验收合格3 413户，合格率85.3%。2022年1月13日—15日，自治区验收组对某某区2021年任务完成情况进行抽查验收时，某某区农业农村局提供任务完成花名册4 009户，任务完成率超过100%，其中合格1 876户，不合格1 014户，"无人"1 119户，合格率为64.9%。鉴于此，我办高度重视，在抽验基础上组织相关技术人员于2022年2月16—25日对"无人"的1 119户改厕情况再次进行了检查核实，现将有关情况反馈如下。

一、做表面文章，搞数字改厕

对"厕所革命"的认识高度不够，责任不落实，没有真正理解"建一户、成一户、用一户"的国家政策。县级验收结果与区级现场验收提供改厕数据不一致，自相矛盾，表里不一。对改厕工作不认真研究，没有结合农民的具体情况，建成大量的无厕屋、无马桶户厕，导致427户老百姓不能正常使用。

二、敷衍塞责，对工作极不负责

绝大多数乡镇对"厕所革命"的重担没有担起来，只部署不落实，对辖区内的改厕工作任务是否完成、质量是否合格、有没有改厕条件等工作不用心、不入脑。部分乡镇把关不严，也没开展自检自验，对改厕工作弄虚作假。存在个别乡镇老百姓的房子已拆除却还在改厕人员名单中38户；甚至出现马桶露天安装的情况;未建管网,只给老百姓门前建了一个沉淀池 143 户;有些农户长期无人居住也给建了厕所。

三、改厕合格率低

2021 年新(改)建的 4 000 户农村卫生厕所,县级验收不合格 1 014 户,自治区验收组对县级验收合格的 1 876 户进行抽验,合格率为 89.1%,对其中县级验收"无人"定为不合格的 1 119 户,入户核查了 925 户,合格率为 37.1%,此种情况在"厕所革命"中,全国、全区属于罕见,也是我区无法向国家考核交账的工程。

四、防冻措施不到位

部分户厕没有做防冻措施,个别农户的自来水管露天架设,造成冬季上水结冰或马桶冻裂,户厕不能正常使用。

五、整改要求

"厕所革命"不是小事情,直接关系到农民群众的生活品质,三年来,自治区改善农村人居环境整治工作领导小组坚决贯彻中央和自治区决策部署,强力推进农村"厕所革命",圆满完成三年行动目标任务,改厕技术模式、改厕质量、群众满意度逐年上升。在"十四五"开局之年,中央提出实施农村人居环境整治五年提升行动之际,某某区政治站位不高,对厕所革命重视不够,建设标准不高,质量把控不严,为完成任务而改厕,问题十分严重,现对你区提出以下整改要求。

(一)进一步提高政治站位,深刻领会习近平总书记关于农村厕所革命的一系列重要指示批示精神,不折不扣落实、原原本本执行,从讲政治的高度,以诚恳的办事态度,始终坚持好字当头,质量优先,严把选型关、施工关、验收关,把农村厕所革命这项民生工程抓好抓实。

(二)立即成立农村户厕问题摸排整改领导小组,组织人员对 2019 年以来建设的农村户厕进行全面摸排,列出问题清单,制订整改方案,扎实整改到位,确保建一个、成一个，一年四季都能用。

（三）对 2021 年年未完成的改厕任务，限期于 4 月底保质保量完成，并报自治区人居办进行核查。

（四）在未整改结束之前，暂停 2022 年及今后农村改厕项目。

我办将持续跟踪整改落实情况，开展明察暗访，若发现仍然存在弄虚作假、工作推进不力等问题，我办将上报自治区人居环境领导小组，并邀请中央驻宁及自治区新闻媒体予以曝光，严肃追究责任，绝不姑息迁就。

附件：某某区 2021 年农村户厕改造县级自验"无人"户核查情况统计表

自治区改善农村人居环境工作

领导小组办公室（代章）

2022 年 3 月 8 日

附件

某某区2021年农村户厕改造县级自验"无人"户核查情况统计表

单位：户

问题类型	**镇	**镇	**镇	**镇	**镇	**镇	**乡	**镇	**镇	合计
未改造	28	0	0	0	0	0	0	0	10	38
有厕屋,无马桶	38	17	43	29	37	0	4	1	12	181
无厕屋,有马桶	0	6	1	0	1	0	0	3	0	11
无厕屋,无马桶	54	93	45	3	31	1	2	2	4	235
家中无人,情况不明	44	9	3	2	4	—	3	0	1	66
水未通,电未通	2	0	2	17	21	—	3	7	11	63
未接入管网(无管网,有管网未接入,管网老旧无法使用)	18	60	19	3	40	—	0	0	3	143
无排气管,排气管不规范	1	0	3	1	1	—	4	2	0	12
三格式化粪池未埋	0	0	0	0	0	—	2	0	0	2
厕屋未完善或未隔断	—	—	—	—	8	—	2	4	17	31
有厕屋、马桶情况未知	—	—	—	—	56	5	—	—	—	56
其他(地坪塌陷,地面未硬化,清水泵损坏,马桶无盖,马桶被冻等)	0	0	0	4	7	—	1	1	7	25
核查总数	202	83	136	89	279	23	29	20	64	925
核查合格数	66	9	37	44	136	18	7	4	19	340
核查不合格数	136	74	99	45	143	5	22	16	45	585

附录3:国家标准

ICS 91.040.99
P 53

中华人民共和国国家标准

GB/T 38838—2020

农村集中下水道收集户厕建设技术规范

Technical specification for construction of rural household latrine
connected to a sewer system

2020-04-28 发布　　　　　　　　　　　　　　　2020-04-08 实施

国家市场监督管理总局
国家标准化管理委员会　发布

目　次

前言 …………………………………………………………………………… 224

1　范围 ………………………………………………………………………… 225

2　规范性引用文件 …………………………………………………………… 225

3　术语和定义 ………………………………………………………………… 226

4　基本要求 …………………………………………………………………… 227

5　设计要求 …………………………………………………………………… 227

 5.1　厕屋 …………………………………………………………………… 227

 5.2　卫生洁具 ……………………………………………………………… 227

 5.3　户用化粪池 …………………………………………………………… 228

6　施工与工程质量验收要求 ………………………………………………… 230

 6.1　一般要求 ……………………………………………………………… 230

 6.2　土方开挖 ……………………………………………………………… 230

 6.3　厕屋施工与卫生洁具安装 …………………………………………… 231

 6.4　户用化粪池施工 ……………………………………………………… 231

 6.5　排水管安装 …………………………………………………………… 231

 6.6　土方回填与地面修复 ………………………………………………… 232

 6.7　工程质量验收 ………………………………………………………… 232

附录 A（资料性附录）　户用化粪池结构示意图 …………………………… 233

前　　言

本标准按照 GB/T 1.1—2009 给出的规则起草。

本标准由中华人民共和国农业农村部提出并归口。

本标准起草单位：农业农村部环境保护科研监测所、农业农村部规划设计研究院、中国疾病预防控制中心农村改水技术指导中心、中国标准化研究院、中国环境科学研究院、农业农村部沼气科学研究所、天津市市政工程设计研究院、北京市农业环境监测站、山东农业大学、辽宁省疾病预防控制中心、中国农业科学院农业资源与农业区划研究所。

本标准主要起草人：郑向群、刘荣乐、赵立欣、沈玉君、成卫民、魏孝承、徐艳、徐学东、云振宇、张荣、纪忠义、刘天顺、施国中、付彦芬、杨波、王强、张春雪、周莉、孟海波、欧阳喜辉、陈昢圳、刘晓霞、马晓蕾、夏训峰、刘宏斌、李登科、张国威、丁京涛、王惠惠、周海宾、董文光、潘科、姚伟、张列宇。

农村集中下水道收集户厕建设技术规范

1 范围

本标准规定了农村集中下水道收集户厕建造的基本要求、设计要求、施工与工程质量验收要求。

本标准适用于已建和拟建污水收集管网和集中处理设施的农村地区的农村户厕建设。

本标准不适用于村办企业,农副产品加工及三年内有搬迁规划的农村户厕建设。

2 规范性引用文件

下列文件对于本标准的应用是必不可少的,凡是注日期的引用文件,仅注日期的版本适用于本文件,凡是不注日期的引用文件,其最新版本(包括所有的修改单)适用于本文件。

GB/T 6952　卫生陶瓷

GB/T 31436　节水型卫生洁具

GB/T 38836　农村三格式户厕建设技术规范

GB 50015　建筑给水排水设计标准

GB 50141　给水排水构筑物施工及验收规范

CJJ 124　镇(乡)村排水工程技术规程

JC/T 2116　非陶瓷类卫生洁具

3 术语和定义

下列术语和定义适用于本文件。

3.1 厕所污水 black water

冲厕产生的粪尿与冲厕水的混合物。

注：也称黑水或厕所粪污。

3.2 生活杂排水 grey water

村镇居民家庭厨房、洗衣、清洁和洗浴产生的污水。

注：也称灰水。

3.3 农村生活污水 rural domestic sewage

农村居民日常生活产生的厕所污水和生活杂排水。

3.4 农村集中下水道收集户厕 rural household latrine connected to a sewer system

由厕屋、卫生洁具、户用化粪池等部分组成，经排水管将厕所污水排入污水收集管网的农村户用厕所。

3.5 户用化粪池 rural household septic tank

用于收集农户厕所污水和厨房、洗衣、清洁、洗浴污水，设有进水口和排水口，对污水进行沉淀、分离等处理的小型粪污初级处理设施或设备。

注：户用化粪池包括整体式和现建式。采用塑料或玻璃钢等材料，在工厂内生产成型的户用化粪池产品为整体式；采用砖砌、现浇混凝土或混凝土预制件等方式现场施工建造的户用化粪池为现建式。

3.6 排水管 drainage pipe

把户用化粪池污水排至污水收集管网的连换管。

3.7 有效深度 effective depth

户用化粪池的排水口下沿距池底的深度。

3.8 户用化粪池有效容积 available volume of rural household septic tank

户用化粪池有效深度以下的容积。

注：包括污水和污泥容积。

4 基本要求

4.1 宜充分考虑水资源节约与粪污资源化利用，符合农村绿色发展需要。

4.2 应根据自然环境、经济状况、供排水条件、现有设施、居住条件等情况，因地制宜制定技术方案。

4.3 应与已建或拟建污水收集管网相衔接，符合村庄建设与发展相关规划。

4.4 在干旱、寒冷以及生态脆弱等有特殊要求的村庄，应采用针对性节水、防渗漏、防冻等措施。

5 设计要求

5.1 厕屋

5.1.1 厕屋设计应按 GB/T 38836 执行。

5.1.2 当厕屋兼具洗浴功能时，可适当增加厕屋面积。厕屋地面和内墙面应做防水处理，地面最低处应设置地漏。

5.2 卫生洁具

5.2.1 坐便器或蹲便器应合理选用，便器或排水管上应设置存水弯等防臭装置。

5.2.2 选用陶瓷类便器应符合 GB/T 6952 的规定，选用非陶瓷类便器应符合 JC/T 2116 的规定。

5.2.3 应根据供水条件和便器类型选用节水型冲水器具，冲水量应符合 GB/T 31436 的规定。

5.2.4 上水管道应设置阀门。寒冷和严寒地区的上下水管道和冲水器具应采取防冻措施。

5.2.5 农村多层建筑的集中下水道收集户厕,应按照 GB 50015 的要求设置卫生器具及排水管道。

5.3 户用化粪池

5.3.1 一般要求

5.3.1.1 厕所污水与生活杂排水宜分开收集。有经济条件且有资源化利用需求的农村,可单独建设厕所污水收集管网和处理设施,集中收集处理达到无害化要求后就地利用。

5.3.1.2 厕所污水应先排入化粪池,再流入排水管,进入污水收集管网。厨房和洗浴污水可直接进入污水收集管网。

5.3.1.3 入户管道坡度较大时,厕所污水可直接接入污水收集管网,并应适当增加入户管道管径,缩短管道检查井距离,加强污水收集管网管护。

5.3.1.4 户用化粪池宜设置在户外,应避开低洼和积水地带,远离地表水体,与建筑物保持一定安全距离,靠近厕屋并便于接入污水收集管网的位置。

5.3.1.5 户用化粪池与厕屋的距离超过 30 m 时,应在便器和化粪池之间的排水管设置清通设施。化粪池、排水管和清通设施宜避免重物压迫或车辆碾压。

5.3.1.6 户用化粪池可单户设置,多户居住较为集中时也可依地势联户设置。

5.3.1.7 已完成水冲式卫生厕所改造的农户,可在末端直接接入污水收集管网。

5.3.2 基本结构

5.3.2.1 户用化粪池基本结构可参照附录 A。

5.3.2.2 户用化粪池宜为两格式结构,第一格容积宜占总容积 65%~80%,第二格容积宜占 20%~35%,中间隔板应设过流孔,直径不应小于 100 mm,过流孔到池底高度宜为有效深度的 1/2。

5.3.2.3 户用化粪池的有效深度不应小于 1.0 m,宽度和长度不宜小于 0.7 m。

圆形户用化粪池直径不宜小于 0.8 m。

5.3.2.4 户用化粪池的进水管内径不应小于 100 mm,安装坡度不应小于 3%,进水管末端应安装导流装置;排水管的内径不应小于 100 mm,安装坡度不应小于 0.5%,深入化粪池内的排水管应安装浮渣拦截装置;导流装置和浮渣拦截装置可采用 T 形接头,进水管 T 形接头垂直部分应在液面以上,排水管 T 形接头垂直部分应深入液面 200~400 mm。

5.3.2.5 进化粪池之前的进水管和出化粪池之后的排水管宜少设弯头。设置弯头时,不应采用 90°弯头。

5.3.2.6 当设置两格化粪池难度较大时,可采用一格化粪池。一格化粪池应在靠出水口一侧上部设置拦截浮渣的挡板,挡板伸入有效容积线以下的高度不宜低于户用化粪池有效深度的 1/3,顶部高出有效容积线不宜小于 50 mm。

5.3.2.7 在户用化粪池或进水管位置上应设置通气管,管径宜不小于 75 mm。通气管宜沿厕屋外墙设置并固定,外观与住房建筑协调,应高出屋面不小于 300 mm,不宜设在建筑物挑出部分的下面,当透气管周边 4 m 之内有窗户时,应高出窗顶 600 mm 或引向无门窗一侧。通气管顶部应加装通气帽。

5.3.2.8 户用化粪池的池盖应有标识,并根据实际情况加锁。位于绿化带内的池盖不应低于地面。

5.3.3 户用化粪池有效容积

5.3.3.1 户用化粪池有效容积应根据厕所污水排放量、污水停留时间及污泥清掏周期确定,厕所污水停留时间应不小于 24 h,污泥清掏周期宜为 6~12 个月,户用化粪池有效容积可按式(1)计算,一般不宜小于 0.5 m³。

$$W = (q_1 \cdot a \cdot n \cdot t)/(24 \times 1\,000) + W_1 \quad \cdots\cdots\cdots\cdots\cdots \quad (1)$$

式中:

W——户用化粪池有效容积,单位为立方米(m³);

q_1——便器单次冲水量,单位为升(L),应根据选用卫生洁具确定;

a ——每人每天平均如厕次数,可按 5~7 次计算;

n ——户厕使用人数;

t ——厕所污水在化粪池内停留时间,单位为小时(h);

W_1 ——户用化粪池内污泥部分容积,单位为立方米(m^3),计算方法按 CJJ 124 执行。

5.3.3.2 当厕所污水与生活杂排水合并收集时,户用化粪池有效容积还应考虑生活杂排水的排放量,计算方法应按 CJJ 124 执行。

6 施工与工程质量验收要求

6.1 一般要求

6.1.1 村内已有污水收集管网的户厕改造项目,施工方案应根据现有污水收集管网的现状制定。当户厕改造与村内污水收集管网同时建设时,应统筹制订施工方案。

6.1.2 厕屋施工不应影响原有房屋及设施的安全。

6.1.3 基坑及管沟施工时应设安全标识,晚间应设警示灯。

6.1.4 施工时应减少对村民日营生产生活的影响。

6.2 土方开挖

6.2.1 基坑深度、长度和宽度应根据厕屋基础、户用化粪池尺寸、覆土厚度及施工工作面要求确定,寒冷和严寒地区户用化粪池应埋置在冻土层以下或采取防冻措施;现建式户用化粪池顶部宜无土覆盖。化粪池上面有绿化要求时,覆土厚度宜不小于 300 mm。

6.2.2 基坑开挖时,应采取防止边坡塌方措施。对软土、沙土等特殊地基条件,应采取换土等地基处理措施。

6.2.3 宜避开雨季施工,寒冷和严寒地区宜避开冬季施工。雨季或地下水位较高时施工,应做好排水措施,防止基坑、管沟内积水和边坡坍塌。

6.3 厕屋施工与卫生洁具安装

厕屋施工与卫生洁具安装应按 GB/T38836 执行。

6.4 户用化粪池施工

6.4.1 现建式户用化粪池施工

6.4.1.1 基坑底面应整平、夯实,铺设砂或砂石垫层不宜小于 100 mm,再浇筑户用化粪池底板,混凝土强度等级不低于 C20,厚度不应小于 100 mm。

6.4.1.2 砖砌户用化粪池应采用强度等级不小于 MU10 级的标准砖或等强度的代用砖,应采用不低于 M10 的水泥砂浆砌筑,池壁内外表面应抹防水砂浆,厚度不应小于 20 mm。

6.4.1.3 钢筋混凝土户用化粪池应整体浇筑,振捣密实,混凝土强度等级不低于 C25,钢筋应采用 HPB300、HRB400。

6.4.1.4 户用化粪池第一池与第二池间的隔板,应采用砖砌或具有抗腐蚀性能的塑料板、水泥板等制作。

6.4.1.5 户用化粪池盖板宜采用带维护口的预制钢筋混凝土盖板,混凝土强度等级不低于 C20,厚度不应小于 80 mm。

6.4.2 整体式户用化粪池安装

6.4.2.1 基坑底面整平夯实后,应铺设混凝土或砂石垫层;当地基为坚土时,应铺设砂石垫层,厚度不宜小于 100 mm;当地基为软土时,应铺设混凝土垫层,厚度不宜小于 80 mm。

6.4.2.2 户用化粪池应平稳放入基坑,地下水位较高时应采取抗浮措施。

6.4.2.3 户用化粪池进水管与便器连接应密封不渗漏。

6.5 排水管安装

6.5.1 排水管应通过检查井接入污水收集管网,检查井井盖应有标识。

6.5.2 已建的水冲式卫生厕所直接接入污水收集管网时,排水管接口标高不应小于污水收集管网标高。

6.5.3 排水管埋置于路面以下时,应采用抗压强度较高的管材;寒冷和严寒地区排水管应采取铺设在冻土层以下等防冻措施。

6.5.4 排水管安装完成后,应检查接头处是否损坏及渗漏,并通过冲水检验冲便效果及户用化粪池、排水管是否正常工作。

6.6 土方回填与地面修复

6.6.1 户用化粪池、排水管施工完成并满水试验合格后应及时进行土方回填,宜采用原土在化粪池四周对称分层密实回填。回填土应剔除尖角砖、石块及其他硬物,不应带水回填。

6.6.2 土方回填时,应防止管道、卫生洁具、化粪池发生位移或损伤。

6.6.3 土方回填后,应对路面、排水沟、绿化等设施修复,恢复其原有功能。

6.7 工程质量验收

6.7.1 施工过程中,施工单位应根据需要组织自检,包括但不限于关键工艺环节自检、隐蔽工程掩盖前自检、单个户厕完工自检。

6.7.2 对符合验收条件的单位工程,应由建设单位按照国家法律法规规定的验收程序对建设内容和工程质量进行竣工验收。

6.7.3 农村集中下水道收集户厕与村庄污水管网同时施工时,应同时验收。

6.7.4 户用化粪池的质量验收应抽样并按照 GB 50141 进行满水试验。

附录 A
（资料性附录）
户用化粪池结构示意图

图 A.1 给出了户用化粪池结构示意图。

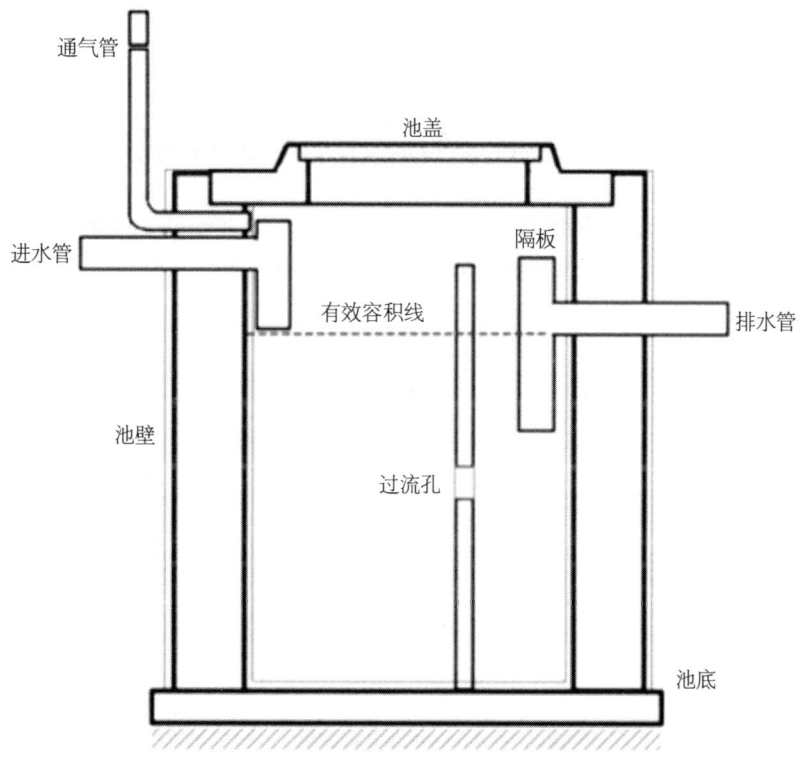

图 A.1 户用化粪池结构示意图

ICS 91.040.99
P 53

中华人民共和国国家标准

GB/T 38836—2020

农村三格式户厕建设技术规范

Technical specification for construction of rural household latrine
with three-compartment septic tank

2020 - 04 - 28 发布　　　　　　　　　　2020 - 04 - 28 实施

国家市场监督管理总局
国家标准化管理委员会　发布

目　次

前言	237
1　范围	238
2　规范性引用文件	238
3　术语和定义	238
4　基本要求	239
5　设计要求	240
5.1　一般要求	240
5.2　选址	240
5.3　厕屋	240
5.4　卫生洁具	241
5.5　三格化粪池	241
6　安装与施工要求	245
6.1　一般要求	245
6.2　材料与设备进场检验	245
6.3　厕屋施工	246
6.4　卫生洁具安装	246
6.5　整体式三格化粪池安装与施工	246
6.6　现建式三格化粪池施工	248
7　工程质量验收要求	249
7.1　一般要求	249

7.2 验收要求 ………………………………………………………… 249

附录 A(资料性附录) 农村三格式户厕构造示意图 …………… 250

附录 B(规范性附录) 密封性满水试验与有效容积测试 ………… 251

前　言

本标准按照 GB/T 1.1—2009 给出的规则起草。

本标准由中华人民共和国农业农村部提出并归口。

本标准起草单位：农业农村部环境保护科研监测所、农业农村部规划设计研究院、中国疾病预防控制中心农村改水技术指导中心、中国标准化研究院、农业农村部沼气科学研究所、山东农业大学、北京市农业环境监测站、辽宁省疾病预防控制中心、中国农业科学院农业资源与农业区划研究所、天津大学、天津市市政工程设计研究院。

本标准主要起草人：郑向群、刘荣乐、赵立欣、沈玉君、成卫民、王强、杨波、张荣、云振宇、施国中、纪忠义、欧阳喜辉、张春雪、徐学东、徐艳、魏孝承、陈昢圳、周莉、孟海波、丁京涛、王惠惠、刘晓霞、付彦芬、刘宏斌、李登科、姚伟、马晓蕾、周海宾、陈冠益、董文光、潘科、刘天顺、张国威。

农村三格式户厕建设技术规范

1 范围

本标准规定了农村三格式户厕建设的基本要求、设计要求、安装与施工要求、工程质量验收要求。

本标准适用于农村三格式户厕的新建或改建。

2 规范性引用文件

下程文作对于本文件的应用是必不可少的。凡是注日期的引用文件,仅注日期的版本适用于本文件。凡是不注日期的引用文件,其最新版本(包括所有的修改单)适用于本文件。

G/T 6952　卫生陶瓷

GI/T 14152　热塑性塑料管材耐外冲击性能试验方法　时针旋转法

GB 19379　农村户厕卫生规范

GB 50268　给水排水管道工程施工及验收规范

CJ/T 409　玻璃钢化粪池技术要求

CJ/T 489　塑料化粪池

JC/T 2116　非陶瓷类卫生洁具

3 术语和定义

下列术语和定义适用于本文件。

3.1 三格化粪池 three-compartment septic tank

由三个相互串联的池体组成,经过密闭环境下粪污沉降、厌氧消化等过程,去除和杀灭寄生虫卵等病原体,控制蚊蝇滋生的粪污无害化处理与贮存设施或设备。

注:三格化粪池包括整体式和现建式。采用塑料或玻璃钢等材料,在工厂内生产成型的三格化粪池产品为整体式;采用砖砌、现浇混凝土或混凝土预制件等方式现场施工建造的三格化粪池为现建式。

3.2 农村三格式户厕 rural household latrine with three-compartment septic tank

由厕屋、卫生洁具、三格化粪池等部分组成,利用三格化粪池对厕所粪污无害化处理的农村户用厕所。

注:厕屋分为附建式和独立式。建在住宅内或与主要生活用房连成一体的为附建式;建在住宅等生活用房外的为独立式。

3.3 粪污 night soil sewage

由人体排泄的粪和尿及其冲洗污水组成的混合物。

3.4 三格化粪池有效容积 available volume of three-compartment septic tank

三格化粪池过粪管溢流口下沿距池底的容积。

4 基本要求

4.1 应遵循安全、卫生、环保、经济、适用的原则。

4.2 应统筹自然环境、经济状况、村镇规划、居民习惯等因素,因地制宜制订技术方案。

4.3 应具有水冲条件,应有粪污清掏机制或就地资源化利用条件。

4.4 宜统筹考虑厕所粪污的就地处理,可在三格化粪池末端增加土地处理场等功能模块。

5 设计要求

5.1 一般要求

5.1.1 农村三格式户厕建设应与村庄住宅建筑相协调,充分利用现有基础设施和地理条件。依托已有房屋改建厕屋时,不应影响房屋主体结构使用的安全性。

5.1.2 农村三格式户厕建设应依据家庭经济条件、常住人口数、冲水量、清掏能力和就地利用能力等合理选用设备和参数。

5.1.3 农村三格式户厕的卫生要求应符合 GB 19379 的规定。

5.1.4 洗涤和厨房污水等生活杂排水不应排入化粪池。

5.1.5 农村三格式户厕构造示意图参见附录 A。

5.2 选址

5.2.1 厕屋宜"进院入室",优先建在室内。庭院内的独立式厕屋应根据庭院布局合理安排,方便如厕,宜与厨房形成有效隔离。

5.2.2 化粪池选址应避开低洼和积水地带,远离地表水体。

5.2.3 化粪池应靠近厕屋,并留足公共清掏空间和通道,清掏车辆和设施进出方便。

5.3 厕屋

5.3.1 厕屋结构应完整、安全、可靠,可采用砖石、混凝土、轻型装配式结构。

5.3.2 厕屋建设应采用环保节能材料,宜选用当地可再生材料。

5.3.3 厕屋净面积不应小于 1.2 m²,独立式厕屋净高不应小于 2.0 m。

5.3.4 厕屋应有门、照明、通风及防蚊蝇等设施,地面应进行硬化和防滑处理,墙面及地面应平整;有条件的地区,宜设置洗手池等附属设施。

5.3.5 独立式厕屋地面应高出室外地面 100 mm 以上,寒冷和严寒地区厕屋应采取保温措施。

5.3.6 附建式厕屋应具备通向室外的通风设施。

5.4 卫生洁具

5.4.1 坐便器或蹲便器应合理选用,冲水量和水压应满足冲便要求,宜采用微水冲等节水型便器。

5.4.2 陶瓷类卫生器具的材质要求应符合 GB/T 6952 的规定,非陶瓷类卫生器具的材质要求应符合 JC/T 2116 的规定。

5.4.3 便器排便孔或化粪池进粪管末端应采取防臭措施。

5.4.4 寒冷和严寒地区独立式厕屋的卫生洁具和排水管应采取防冻措施,应选用直排式便器,便器不应附带存水弯。

5.5 三格化粪池

5.5.1 基本结构

5.5.1.1 三格化粪池的第一池、第二池、第三池容积比宜为 2:1:3。化粪池中粪污的有效停留时间,第一池应不少于 20 d,第二池应不少于 10 d,第三池应不少于第一池、第二池有效停留时间之和。

5.5.1.2 三格化粪池的第一池、第二池、第三池的深度应相同,寒冷和严寒地区应考虑当地冻土层厚度确定化粪池的埋深。

5.5.1.3 进粪管应内壁光滑,内径不应小于 100 mm,应避免拐弯,减少管道长度。进粪管铺设坡度不宜小于 20%,水平距离不宜超过 3 m,应和便器排便孔密封紧固连接;水平距离大于 3 m 时,应适当增加铺设坡度。

5.5.1.4 过粪管应内壁光滑,内径不应小于 100 mm,设置成倒 L 形或 I 形。第一池至第二池的过粪管入口距池底高度应为有效容积高度的 1/3,过粪管上沿距池顶不宜小于 100 mm,第二池至第三池的过粪管入口距池底高度应为有效容积高度的 1/2,过粪管上沿距池顶不宜小于 100 mm。两个过粪管应交错设置。

5.5.1.5 排气管应安装在第一池,内径不宜小于 100 mm,靠墙固定安装,外观应和住房建筑协调,应高于户厕屋檐或围墙墙头 500 mm,当设置在其他隐蔽部位时,应高出地面不小于 2 m。排气管顶部应加装伞状防雨帽或 T 形三通。

5.5.1.6 三格化粪池顶部应设置清渣口和清粪口,直径不应小于 200 mm,第三池清粪口可根据清掏方式适当扩大。清渣口和清粪口应高出地面不小于 100 mm,化粪池顶部有覆土时应加装井筒。

5.5.1.7 三格化粪池清渣口和清粪口应加盖,清渣口或清粪口大于 250 mm 时,口盖应有锁闭或防坠装置。

5.5.1.8 三格化粪池第三池可加装智能化探测和清掏预警装置。

5.5.2 选型

5.5.2.1 设备选型

设备选型遵循以下原则:

a)应根据实际情况,合理选用不同容积、不同材质的三格化粪池;

b)寒冷和严寒地区宜选用免装配整体式三格化粪池或现浇混凝土现建式三格化粪池,宜适当增加三格化粪池有效容积,水冲装置应采取防冻措施;选用的免装配整体式三格化粪池可采用增加塑料壁厚或双层保温抗压结构;

c)已建或拟建厕所管护、清掏综合调度机制和信息平台的地区,可选用具备自动预警清掏功能的化粪池。

5.5.2.2 容积选型

应结合使用人数、冲水量、粪污停留时间及清掏周期综合确定三格化粪池有效容积,有效容积选型见表 1,有效容积测试方法见附录 B。

表 1 三格化粪池有效容积表

厕所使用人数/人	≤3	4~6	7~9
有效容积设置/m³	≥1.5	≥2.0	≥2.5

5.5.3 质量要求

5.5.3.1 外观

三格化粪池外观要求如下：

a)整体式三格化粪池应在醒目处标注生产商名称、商标图识、有效容积、进粪口、排气口、清渣口、清粪口等标识；

b)整体式三格化粪池产品外壁应色泽均匀、光滑平整、无裂纹、无孔洞,内壁应光滑平整、无裂纹、无明显瑕疵,边缘应整齐,扣槽应严密,壁厚均匀,无分层现象；

c)整体式三格化粪池应附带齐全的配件及附件；

d)现建式化粪池应表面平整光滑,无裂缝,无蜂窝麻面。

5.5.3.2 材料

三格化粪池选用材料要求如下：

a）塑料整体式三格化粪池等产品的壁厚和材料要求应符合 CJ/T 489 的规定；

b）玻璃钢整体式三格化粪池等产品的壁厚和材料要求应符合 CJ/T 409 的规定；

c)三格化粪池、管材、连接件应采用高强度、抗老化、防腐性能好的材料；

d)三格化粪池不应采用易腐蚀的金属材料做加强筋；

e)三格化粪池清渣口和清粪口处的口盖应采用抗老化、耐腐蚀、抗压性能好的材料；

f)三格化粪池损坏或废弃后,应妥善处置,废弃物不应有环境和人体健康危害风险；

g)三格化粪池选用材料应保证三格化粪池设计寿命大于 20 年。

5.5.3.3 物理性能

现建式三格化粪池物理性能应满足相关承重要求。整体式三格化粪池物理性能要求与检测方法应按表2执行。

表 2　整体式三格化粪池物理性能要求与检测方法

序号	检测项目	指标要求	适用情况	检测方法
1	荷载试验	室温,试验压力≥40 kN,试验后无破裂、裂缝,组装连接处不错位、不撕裂	覆土深度≤1.0 m	CJ/T 489
		室温,试验压力≥80 kN,试验后无破裂、裂缝,组装连接处不错位、不撕裂	1.0 m<覆土深度≤2.0 m	
2	负压试验	室温,-0.03 MPa气压(15 min),无破损、裂缝	覆土深度≤1.0 m	CJ/T 489
		室温,-0.05 MPa气压(15 min),无破损、裂缝	1.0 m<覆土深度≤2.0 m	
3	抗冲击	20℃±2℃,质量1 kg,d90型落锤,2.5 m高,冲击6个位点,分别位于池体顶部、侧面、底部等重要承力点位置,试验后无破裂、损坏,组装连接处不错位、不撕裂		GB/T 14152

5.5.3.4　密封性

三格化粪池密封性要求如下:

a)三格化粪池整体不应渗漏;

b)各格池之间不应相互渗漏;

c)利用结构组件在现场完成组装的整体式三格化粪池,各部件连接处不应出现渗漏,不应出现影响使用的变形;

d)砖砌现建式三格化粪池和钢筋混凝土现建式三格化粪池内部池壁应有防渗措施,盖板严密;

e)整体式三格化粪池开展密封性能检测的样品应为已全部通过5.5.3.3规定的物理性能检测后的同一样品;

f) 三格化粪池密封性能要求与检测方法应按表3执行。

表3 三格化粪治密封性能要求与检测方法

序号	检测项目	技术要求	检测方法
1	格池密封性能	注水至第二池过粪管溢流口下沿,第一池、第三池无串水,格池之间无渗漏	见附录B
2	整体密封性能	封闭池体所有进出口,清渣口和清粪口连接井筒200 mm后注满水,查看池体、连接部位、外形、无明显变形、无渗漏	见附录B

6 安装与施工要求

6.1 一般要求

6.1.1 施工前,施工单位应制订施工方案,明确质量要求,建立全过程施工档案,施工作业前应对施工人员进行培训。

6.1.2 施工现场的建筑材料与设备应分类、整齐堆放,并做好防潮、防雨和防风措施。

6.1.3 施工不应影响原有房屋的结构安全。施工时应在周边设立安全警示标志,施工完成后应对现场进行卫生清理和美化,减少对村民日常生产生活的影响。

6.1.4 施工全过程应遵照卫生安全规范,注重个人卫生安全防护和周围环境保护。

6.1.5 老旧厕所改造前,应先采用生石灰等消毒材料覆盖方式对农户原有清粪后的储粪池及周围环境实施消毒处理。

6.1.6 除符合本标准要求外,还应符合相关施工规范的要求。

6.2 材料与设备进场检验

6.2.1 工程所用的管材、卫生洁具、整体式三格化粪池和主要原材料等进入施工现场时,应进行进场验收并妥善保管。

6.2.2 各种材料与设备均应有生产厂家出具的合格证书(砂、石等地方材料除外),整体式三格化粪池与卫生洁具应附带厂家提供的使用说明书,整体式三格化粪池应有第三方检测机构出具的检测报告。

6.2.3 进场的整体式三格化粪池应根据需要抽样，按附录 B 进行满水试验与有效容积测试试验。

6.3 厕屋施工

6.3.1 厕屋施工应按照国家房屋建筑工程施工相关标准要求执行。

6.3.2 基于原有房屋开展农村三格式户厕改造应保留房屋主体结构，不应破坏房屋原有基础。

6.3.3 厕屋基础埋深不应小于冻土层厚度。

6.3.4 装配式厕屋预制件间的连接应牢固可靠，接缝严密。

6.3.5 厕屋应根据设计要求预留给排水设施孔洞，并与卫生洁具安装相协调。

6.4 卫生洁具安装

6.4.1 应根据厕屋与化粪池的布置及使用需求，合理确定便器与冲水器具的布置，便器下口中心距后墙不小于 300 mm，距边墙不小于 400 mm。

6.4.2 便器安装时，应将卫生洁具及管道内的杂物及时清除；便器与冲水器具、进粪管应连接紧密，便器装稳后应加以保护。

6.4.3 管道施工应符合 GB 50268 的规定。

6.5 整体式三格化粪池安装与施工

6.5.1 现场组装

6.5.1.1 内部隔板、过粪管安装位置应准确，连接处应密封、牢固、不渗漏，过粪管尺寸应符合 5.5.1.4 的要求。

6.5.1.2 上下池体连接应密封、牢固，合缝应严密、不渗漏。

6.5.1.3 组装完成后，应进行池体、格池间密封性能抽样检查，检测方法见附录 B 的格池密封性满水试验和整体密封性满水试验。免装配整体式三格化粪池产品也应进行池体、格池间密封性能抽样检查。

6.5.2 基坑开挖与垫层施工

6.5.2.1 应根据三格化粪池外形尺寸、进粪管铺设坡度、覆土深度及施工作业要求,确定基坑开挖深度、长度和宽度;寒冷和严寒地区,基坑开挖深度应确保三格化粪池的有效容积线在冰冻线以下;南方地区的三格化粪池可浅埋,但应确保三格化粪池回填压实的稳定性。

6.5.2.2 三格化粪池顶部有绿化要求时,覆土厚度应不小于 300 mm。

6.5.2.3 根据土质、基坑深度、地下水位等情况采取不同基坑开挖方式及防护措施,确保施工安全。

6.5.2.4 基坑开挖时,应采取防护措施,防止边坡塌方。对软土、沙土等特殊地基条件,应采取换土等地基处理措施,达到不沉降的要求。基坑底面应夯实、找平。

6.5.2.5 整体式三格化粪池施工应按以下要求执行:

  a)当地基为坚土时,应铺设砂石垫层,厚度不宜低于 120 mm;

  b)当地基为软土时,应铺设混凝土垫层,厚度不宜低于 100 mm。

6.5.2.6 地下水位较高或雨季施工时,应做好排水措施,防止基坑内积水和边坡坍塌。

6.5.3 三格化粪池安装

6.5.3.1 三格化粪池应平稳安装在基坑内的垫层上,其位置应便于进粪管安装。地下水位较高时应采取抗浮措施。

6.5.3.2 进粪管连接应密封不渗漏,不宜采用弯头连接。寒冷和严寒地区的室外户厕,便器可直接安装在三格化粪池第一池清渣口上方,进粪管垂直插入第一池清渣口,做好连接密封,进粪管末端应安装防臭阀。

6.5.3.3 三格化粪池清渣口、清粪口和排气管安装按 5.5.1 的规定执行。三格化粪池安装的井筒和清渣口、清粪口之间应用胶圈密封牢固,连接位置不应渗漏。寒冷和严寒地区的井筒应采用耐寒、抗冻融的管材。

6.5.3.4 三格化粪池安装完成后,应冲水检验冲便效果及便池、管道、三格化粪池的连接密封性能。

6.5.4 基坑回填

6.5.4.1 三格化粪池安装完成后应及时进行基坑回填,宜采用原土在三格化粪池四周对称分层密实回填。回填土应剔除尖角砖、石块及其他硬物,不应带水回填。

6.5.4.2 基坑回填时,应防止管道、卫生洁具、三格化粪池发生位移或损伤。

6.5.4.3 基坑回填后,施工作业面应硬化或绿化。

6.6 现建式三格化粪池施工

6.6.1 现建式三格化粪池的基本结构应符合设计要求;应根据化粪池设计尺寸、土壤条件并考虑施工作业要求确定基坑尺寸,基坑开挖及土方回填按6.5.2和6.5.4的规定执行。

6.6.2 基坑开挖后,坑底应整平夯实并铺设混凝土或砂石垫层,垫层混凝土强度等级不应低于C10,厚度不应小于100 mm,砂石垫层厚度不应小于150 mm。

6.6.3 砖砌三格化粪池池壁应采用强度等级不小于MU10级的标准砖或等强度的代用砖,应采用不低于M10的水泥砂浆砌筑,池壁内外表面应抹防水砂浆,厚度不应小于20 mm。

6.6.4 钢筋混凝土三格化粪池池壁应整体浇筑,振捣密实,并进行必要的养护,混凝土强度等级不应小于C25,钢筋应采用HPB300、HRB400。

6.6.5 基坑回填前,应进行整池、格池间密封性能抽样检查,检测方法见附录B的格池密封性满水试验和整体密封性满水试验;化粪池安装完成后,应冲水检验冲便效果及便池、管道、三格化粪池的连接密封性能。

6.6.6 现建式三格化粪池进粪管安装方法按6.5.3.2的规定执行,清渣口、清粪口和排气管安装按5.5.1的规定执行,回填方法按6.5.4的规定执行。

7 工程质量验收要求

7.1 一般要求

7.1.1 施工过程中,施工单位应根据需要组织关键工艺环节自检、隐蔽工程掩盖前自检以及单个户厕完工自检。

7.1.2 施工完成后,工程施工质量验收应在施工单位自检的基础上,按检验批次、分项工程、分部工程、单位工程的顺序进行。

7.1.3 对符合验收条件的单位工程,应由建设单位按照国家法律法规规定的验收程序对建设内容和工程质量进行竣工验收。

7.2 验收要求

7.2.1 厕屋、卫生洁具、三格化粪池、管材和管件在现场安装前应按照采购要求及相关产品构造和质量标准进行验收。

7.2.2 厕屋结构、尺寸、地面标高、地面处理及配套设施配置等应符合相关设计和施工要求。

7.2.3 卫生洁具材质、功能及安装等应符合相关设计和施工要求。

7.2.4 三格化粪池及配套管件的结构、尺寸、材质、性能及施工安装等应符合相关设计和施工要求。

附录 A

（资料性附录）

农村三格式户厕构造示意图

图 A.1 给出了过粪管为倒 L 形的农村三格式户厕构造示意图。

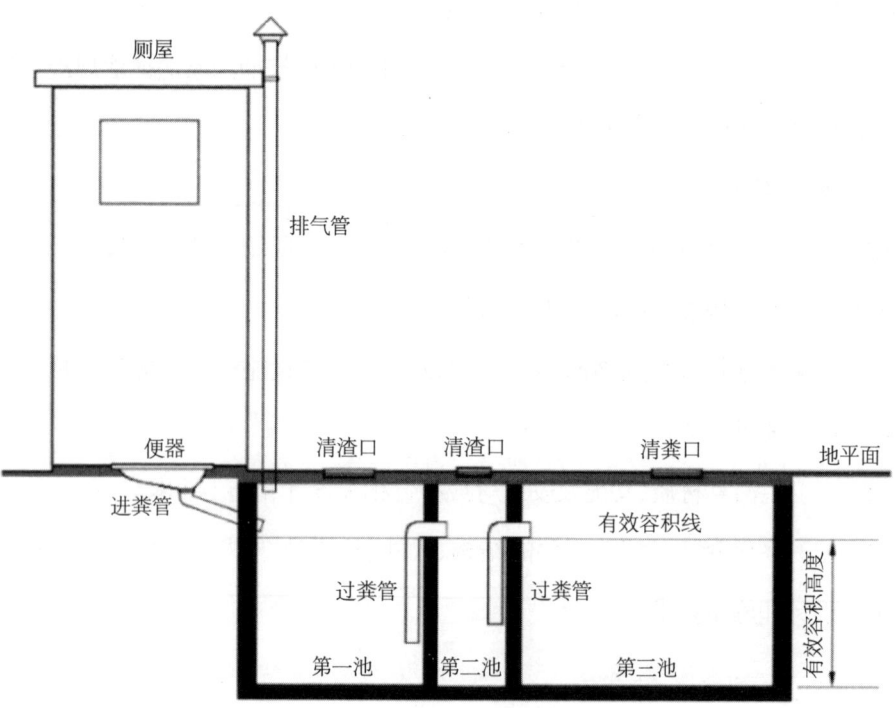

图 A.1　农村三格式户厕构造示意图

附录 B

（规范性附录）

密封性满水试验与有效容积测试

B.1 概述

本试验方法用于检验三格化粪池的格池及整体密封性能。

B.2 原理

采用分区注水方式，观察试样的格池及整体是否满足密封性能。

B.3 试样

按要求正常安装化粪池及附属连接件，将化粪池水平放置，保持稳定，如图 B.1 所示。

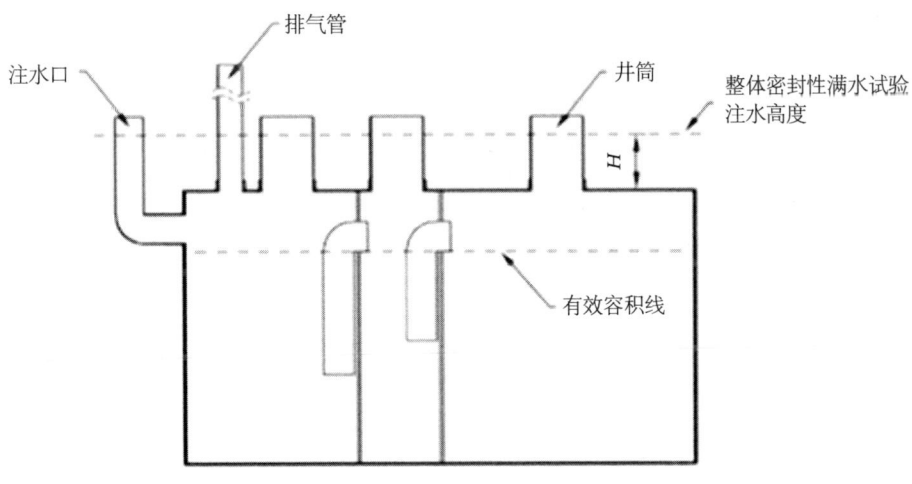

图 B.1 三格化粪池密封试验示意图

B.4 试验步骤

B.4.1 密封性

B.4.1.1 格池密封性满水试验,向第二池注水至过粪管溢流口下沿,静置 24 h 后观察第一池、第三池,无串水现象为合格。

B.4.1.2 整体密封性满水试验,从注水口向试样中注水至 H 为 200 mm,静置 24 h 后观察试样是否有破裂、裂缝或变形,同时观察水位线,下降不超过 1%为合格。

B.4.2 有效容积

B.4.2.1 把化粪池三个格池逐级注水到格池间过粪管溢流口下沿,采用标准计量容器或标准流量计分别测量每池注水量。

B.4.2.2 三个格池间过粪管溢流口下沿液面以下注水量比例符合设计要求为合格。

ICS 03.080.01
P 51

中华人民共和国国家标准

GB/T 38837—2020

农村三格式户厕运行维护规范

Specification for operation and maintenance of rural household latrine
with three-compartment septic tank

2020-04-28 发布　　　　　　　　　　2020-04-28 实施

国家市场监督管理总局
国家标准化管理委员会　发 布

目　次

前言 ·· 255
1　范围 ·· 256
2　规范性引用文件 ·· 256
3　术语和定义 ··· 256
4　基本要求 ·· 257
5　使用要求 ·· 257
6　粪污管理 ·· 259
7　维护要求 ·· 260
8　应急处置 ·· 260
9　管护服务 ·· 260

前　言

本标准按照 GB/T 1.1—2009 给出的规则起草。

本标准由中华人民共和国农业农村部提出并归口。

本标准起草单位：农业农村部规划设计研究院、农业农村部环境保护科研监测所、中国疾病预防控制中心农村改水技术指导中心、中国标准化研究院、农业农村部沼气科学研究所、中国环境科学研究院、同济大学。

本标准主要起草人：赵立欣、沈玉君、郑向群、王惠惠、丁京涛、孟海波、张荣、云振宇、周海宾、施国中、张亚雷、成卫民、付彦芬、张列宇、徐艳、程红胜、李登科、魏孝承、马晓蕾、王强、周雪飞、褚华强、杨波、张春雪。

农村三格式户厕运行维护规范

1 范围

本标准规定了农村三格式户厕运行维护的基本要求、使用要求、粪污管理、维护要求、应急处置以及管护服务等内容。

本标准适用于农村三格式户厕的运行维护。

2 规范性引用文件

下列文件对于本文件的应用是必不可少的。凡是注日期的引用文件,仅注日期的版本适用于本文件,凡是不注日期的引用文件,其最新版本(包括所有的修改单)适用于本文件。

GB 7959　粪便无害化卫生要求

GB 19379　农村户厕卫生规范

消毒技术规范(卫法监发〔2002〕282号)

3 术语和定义

下列术语和定义适用于本文件。

3.1 粪污 night soil sewage

由人体排泄的粪和尿及其冲洗污水组成的混合物。

3.2 三格化粪池 three-compartment septic tank

由三个相互串联的池体组成,经过密闭环境下粪污沉降、厌氧消化等过程,去除和杀灭寄生虫卵等病原体,控制蚊蝇滋生的粪污无害化处理与贮存设施或设备。

注:三格化粪池包括整体式和现建式,采用想料或玻璃钢等材料,在工厂内生产成型的三格化粪池产品为整体式;采用砖砌、现浇混凝土或混凝土预制件等方式现场施工建造的三格化粪池为现建式。

3.3 农村三格式户厕 rural houschold latrine with three-compartment septic tank

由厕屋、卫生洁具、三格化粪池等部分组成,利用三格化粪池对厕所粪污无害化处理的农村户用厕所。

注;厕屋分为附建式和独立式。建在住宅内或与主要生活用房连成一体的为附建式;建在住宅等生活用房外的为独立式。

3.4 粪污无害化处理 harmless disposal of night soil sewage

减少、去除或杀灭粪污中的病原体,能控制蚊蝇滋生、防止恶臭扩散,并使其处理产物达到土地处理与农业资源化利用的处理技术。

4 基本要求

4.1 应明确运行维护主体。可采用村民自行维护或委托维护等方式,开展户厕检查维修、粪污收运处理等工作。

4.2 其他生活污水及雨雪水不应直接排入化粪池。

4.3 厕所粪污应进行无害化处理,达到 GB 7959 的无害化卫生要求。无害化处理后的粪污,宜资源化利用。

4.4 启用前,应为用户提供说明书、维修电话、现场或网络在线指导等服务。

4.5 应建立有效的运行维护监督机制。

5 使用要求

5.1 厕屋

5.1.1 厕屋内应保持清洁卫生,地面无积水、无结冰、无垃圾。

5.1.2 厕屋内可根据需要设置贮水设施、盛水容器,并配置便纸筐和清洁维护工具。

5.1.3 厕屋内应保持通风设施运行正常,臭味强度、氨气浓度、蝇蛆等卫生指标的控制,应达到 GB 19379 的要求。

5.2 清洗设施

5.2.1 在满足清洁卫生的前提下,用户应节约用水,鼓励循环利用。

5.2.2 不具备自动水冲条件的用户,可采用人工冲洗、清洁刷等节水环保的方式清洁便器。

5.2.3 寒冷地区入冬前外露的涉水管道、贮水设施、盛水容器等应采取防冻保温措施。

5.3 便器

5.3.1 启用时,便器内如有杂物应及时清理出,不应冲入化粪池内。

5.3.2 采用蹲便器的独立式户厕,宜配备带把手的便池盖板。

5.3.3 便器应及时清理,保持无粪迹、尿垢和杂物存留。

5.3.4 餐厨残渣残液、烟头以及难降解的卫生用品等不应扔入便器。

5.4 化粪池

5.4.1 新建化粪池经水密性检验合格后,方可启用。

5.4.2 化粪池投入运行前,应向第一池注水至浸没第一池过粪管口。

5.4.3 化粪池使用过程中,盖板应保持密闭。

5.4.4 化粪池中粪污的有效停留时间,第一池应不少于 20 d,第二池应不少于 10 d,第三池应不少于第一池、第二池有效停留时间之和。

5.4.5 新鲜粪污不应进入化粪池第二池、第三池。

5.4.6 化粪池第三池粪污应每月检查一次,防止粪污满溢,并适时清掏。

5.4.7 化粪池第一池、第二池的粪皮、粪渣应每半年检查一次,不应影响进粪管和过粪管的畅通,应适时清掏。

5.4.8 化粪池排气管原则上应每年检查一次并保持通畅。

5.4.9 化粪池区域应保持空气流通，上方不应堆压重物或停放车辆，不应吸烟、放鞭炮或使用明火，宜设置围栏，应有禁压、禁火标志。

6 粪污管理

6.1 化粪池清掏

6.1.1 化粪池宜由专业人员清掏，用户可自行清掏第三池粪污。

6.1.2 清掏全过程应禁止烟火。

6.1.3 清掏人员应佩戴个人卫生防护用品。

6.1.4 清掏前，应检查抽粪车和抽粪管道，避免粪污泄漏；应在化粪池周边就近放置醒目警示标志，提醒行人、车辆安全避让；化粪池应充分通风，不应进入化粪池内作业。

6.1.5 清掏时，应选用适当工具，避免损坏化粪池结构；第一池、第二池、第三池粪污不应互混清掏，不应取用第一池、第二池的粪污施肥。

6.1.6 清掏后，应及时将盖板复位，并冲洗作业场地和清掏工具，确保清掏口周边环境干净整洁，不应造成环境污染。

6.2 运输

6.2.1 清运设备应保持干净整洁，清运后应及时清洗。

6.2.2 粪污运输过程中抽粪车罐体应保持密闭，不应泄漏外溢、随意倾倒。

6.2.3 清运设备每次使用后应消毒，定点停放。

6.3 处理处置

6.3.1 达到 GB 7959 无害化要求的粪污宜就地就近利用。

6.3.2 第一池、第二池粪皮粪渣清掏后应通过好氧发酵、厌氧发酵等方式进行无害化处理，应达到 GB 7959 的有关要求。

6.3.3 无法就近利用的粪污应转运至集中处理中心经处理后再利用。

7 维护要求

7.1 厕屋内外宜每日清扫,适时消毒。

7.2 厕屋门窗、便器、清洗等设备设施如有故障或损坏,应及时维修或更换。

7.3 每年应至少检查一次化粪池、出现盖板破损、地基沉降、化粪池上浮、进/过粪管脱落、排气管断裂、池体隔板移位等现象的,应及时维修或更换。

7.4 破损严重的化粪池,应及时报废处理,不应随意丢弃。

7.5 每年应至少检测一次粪污无害化处理效果,确保处理后的粪污达到 GB 7959 的要求。

8 应急处置

8.1 化粪池出现渗漏或管道堵塞问题时,应立即停止使用,及时清掏粪污、疏通管道、维修或更换化粪池,清掏后的粪污无害化处理,应按照 GB 7959 执行。

8.2 化粪池出现坍塌或粪污外溢等意外情况时,应立即停止使用,并向粪污中加入生石灰或消毒剂等进行处理,应符合《消毒技术规范》的有关要求。

8.3 粪口传播疾病发生的高风险地区,应采取以下措施:

——厕屋内应加大通风换气,加强消毒;

——化粪池周边环境应在专业人员指导下进行消毒;

——清掏作业人员应加强个人防护,及时洗手消毒;

——清掏及转运过程,应保证粪污不暴露,严格密闭粪污收运设施;

——应对清掏后可能污染的场所、设施设备进行消毒,应符合《消毒技术规范》的相关要求。

9 管护服务

9.1 具备条件的地区,鼓励管护市场化、服务社会化、粪污清理处理专业化和装备机械化。

9.2 对质保期和质保范围内的问题，应由户厕设备供应厂商或设施施工单位及时免费维修；对质保期和质保范围以外的问题，宜委托专业管护队伍及时维修。

9.3 专业管护队伍可提供厕具维修、粪污清运、粪污处理利用等服务,并做好服务记录。

9.4 专业管护队伍应制定并实施管理文件,可包括以下内容：

——维护管理规范；

——服务质量保障制度；

——投诉处理制度；

——突发事件应急预案。

9.5 具备条件的地区,鼓励建立智能管护系统,可包括以下内容：

——建立报建、报抽、报修、评价等管护服务线上申请与处理系统；

——建立通过车载定位、视频监控以及粪污液位传感器等组成的监测系统；

——建立粪污无害化处理效果、粪污消纳利用情况、环境质量等长期定位监测管理系统。